科技教师能力提升丛书

创意搭建与工程设计

郑娅峰　傅骞　主编

清华大学出版社
北京

内 容 简 介

本书选用积木作为主要载体，以运动方式为主要线索，进行简单机械原理和典型传动机构的学习。内容组织形式突出知识原理和核心结构的提炼和总结，突出使用工程思想构建核心机械模型。本书特色体现为以工程设计作为指导思想，理论与实践兼容并重，案例满足原创性、游戏性和竞技性的特点，重视学习主题的拓展与深化等。

本书可作为中小学校、校外培训机构、科技馆所等科技教师和科技辅导员的培训用书，也可作为教师提升科学素养，提高专业能力，开展教学活动的参考用书。

图书在版编目（CIP）数据

创意搭建与工程设计 / 郑娅峰，傅骞主编 .—北京：清华大学出版社，2020.12（2021.7重印）
（科技教师能力提升丛书）
ISBN 978-7-302-56890-2

Ⅰ.①创… Ⅱ.①郑… ②傅… Ⅲ.①工程设计 Ⅳ.① TB2

中国版本图书馆 CIP 数据核字（2020）第 226902 号

责任编辑：王剑乔
封面设计：刘 键
责任校对：赵琳爽
责任印制：丛怀宇

出版发行：清华大学出版社
网 址：http://www.tup.com.cn，http://www.wqbook.com
地 址：北京清华大学学研大厦A座 邮 编：100084
社 总 机：010-62770175 邮 购：010-62786544
投稿与读者服务：010-62776969，c-service@tup.tsinghua.edu.cn
质量反馈：010-62772015，zhiliang@tup.tsinghua.edu.cn
印 装 者：小森印刷（北京）有限公司
经 销：全国新华书店
开 本：203mm×260mm **印 张：**9.25 **字 数：**211千字
版 次：2020年12月第1版 **印 次：**2021年7月第2次印刷
定 价：69.00元

产品编号：087376-01

丛书编委会

本书编委会

主　编

郑娅峰　　傅　骞

主　审

张文增

编　委

（按姓氏笔画排序）

刘鹏飞　　张寒宇　　解博超

丛书序

当前，我国各项事业已经进入快速发展的阶段。支撑发展的核心是人才，尤其是科技创新的拔尖人才将成为提升我国核心竞争力的关键要素。

青少年是祖国的未来，是科技创新人才教育培养的起点。科技教师是青少年科学梦想的领路人。新时代，针对青少年的科学教育事业面临着新的要求，科技教师不仅要传播科学知识，更要注重科学思想与方法的传递，将科学思想、方法与学校课程结合起来，内化为青少年的思维方式，培养他们发现问题、解决问题的能力，为他们将来成为科技创新人才打牢素质基础。

发展科学教育离不开高素质、高水准的科技教师队伍。为了帮助中小学科技教师提升教学能力，更加深刻地认识科学教育的本质，提升自主设计科学课程和教学实践的能力，北京市科学技术协会汇集多方力量和智慧，汇聚众多科技教育名师，坚持对标国际水平、聚焦科技前沿、面向一线教学、注重科教实用的原则，组织编写了“科技教师能力提升丛书”。

丛书包含大量来自科学教育一线的优秀案例，既有针对科技前沿、科学教育、科学思想的理论探究，又有与STEM教育、科创活动、科学课程开发等相关的教学方法分享，还有程序设计、人工智能等方面的课例实践指导。这些内容可以帮助科技教师通过丰富多彩的科技教育活动，引导青少年学习科学知识、掌握科学方法、培养科学思维。

希望“科技教师能力提升丛书”的出版，能够从多方面促进广大科技教师能力提升，推动我国创新人才教育事业发展。

丛书编委会

2020 年 12 月

前　言

随着科学技术的发展进步，课程改革不断推进，STEM 教育逐渐走进大众的视线，培养学生的 STEM 素养也成为教育工作者的共识。STEM 教育将科学、技术、工程、数学等学科整合起来，通过探究式学习，基于项目 / 问题的学习方式，培养学生解决实际问题的能力。工程教育将知识与技术相结合，通过工程设计去解决实际问题，它相当于学科整合的黏合剂，已经成为 STEM 教育不可或缺的一部分。

本书从工程设计的视角出发，从创意搭建的主题切入，以运动方式为主要线索，进行简单机械原理和典型传动机构的学习。在内容的组织过程中，改变以往教材重实例、轻理论的问题，突出知识原理和核心结构的提炼和总结。在主题学习中，突出使用工程思想构建核心机械模型的能力。

本书的特色主要体现为以下四点。首先是体系化，本书将结构搭建中的基本知识体系化，形成结构化的思维导图，并将科技史融入其中。其次是设计化，本书不仅从理论层面给出工程设计的一般流程，而且从实践层面引导学习者进行工程设计，实现了理论与实践的统一。再次是趣味性，本书的案例全部采用原创内容，案例尽可能满足游戏化、竞技化特点，提升案例的教学使用效果。最后是提炼性，每个活动主题中提炼出一种通用的核心结构，基于通用结构，学习者可以更好地拓展延伸。

本书共分为 6 章。第 1 章是本书的概述，包括工程设计思维的内涵及实施策略、创意搭建在中小学科技创新活动中的定位、创意搭建科技作品评价内容及评价方式、本书使用的零件基础等内容；第 2~5 章是基于主题的内容设计，也是本书的主体部分，第 2 章详细介绍三角形稳定结构、四边形不稳定结构、杠杆结构、滑轮结构等简单结构；第 3 章详细介绍齿轮传动、链条传动、齿条传动、棘轮传动等常见传动方式；第 4 章详细介绍曲柄摇杆机构、双曲柄机构、曲柄滑块机构等连杆机构，连杆机构也是一种常见的传动；第 5 章详细介绍四足与六足等机器人结构；第 6 章提供了 4 个经典的综合应用案例。在章节内部的典型案例中，包括情境引入、知识讲解、典型结构设计和任务实践等环节。

本书涉及技术面较广，所以不可能面面俱到，但力求让读者掌握最实用、核心的技术，通过实践加深对知识的灵活应用。

本书为了方便读者学习，提供了电子版课程资源和拓展资源。课程资源包括课程介绍、教学大纲、演示文稿、重点难点视频指导等；拓展资源包括案例库、素材资源库等。以上资源随书内二维码赠送。

本书编者都是工作于教学与科研一线的骨干教师，具有丰富的教学实践经验。全书由郑娅峰负责规划。具体分工如下：第 1 章和第 2 章由郑娅峰编写，第 3 章由解博超编写，第 4 章由张寒宇编写，第 5 章由刘鹏飞编写，第 6 章由傅骞编写。全书由郑娅峰、傅骞进行了编排和审定。同时感谢为本书绘图的苏金强、杨文龙同学！

由于编者水平有限，书中若有疏漏之处，敬请广大读者批评、指正。

本书编委会

2020 年 12 月

本书教辅资料及教学课件（扫描可下载使用）

本书勘误及教学资源更新

目 录

第 1 章

C H A P T E R 1

创意搭建与工程设计概述

1

第 2 章 C H A P T E R 2

简单结构 27

第 3 章 C H A P T E R 3

常见传动 51

C H A P T E R 6

01

CHAPTER 1

第1章

创意搭建与工程设计概述

以培养创新型复合人才为目的的STEM教育正逐步在全球范围内普及推广。在STEM教育理念的引领下，工程教育不断融入科学教育，引领科学教育新的教学范式改革。STEM是科学（Science）、技术（Technology）、工程（Engineering）和数学（Mathematics）四门学科的简称，其强调将原本分散的四门学科内容自然组合形成整体，利用跨学科知识解决现实生活中的复杂问题。

“工程教育”是在STEM理念指导下新的培养方式的核心特点之一。美国《K-12科学教育框架》和以此为基础发展出的《新一代科学教育标准》（NGSS）尤为突出，它不仅将工程实践与科学实践并重，强调学生在反复实践中深入理解科学和工程的本质，还将工程设计与工程、科学、技术和社会的交互关系列入课程核心概念。通过工程实践丰富学生的科学学习，使学生更好地掌握科学概念，进而实现跨学科整合型的STEM教育，全面提高学生批判性思维、创新性思维、解决问题的能力等高阶思维能力。

我国对工程教育的重视是从近几年开始的。教育部2017年颁布的《小学科学课程标准》，其课程内容在原来的物质科学、生命科学、地球与宇宙科学三大领域的基础上新增了工程与技术领域，正式将工程与技术纳入小学科学课程标准。2017年颁布的《普通高中通用技术课程标准》提出了通用技术学科的五大核心素养，其中就包括工程思维。在2018年发布的《中国学生发展核心素养》中提出的六大核心素养之一“创新实践”就明确指出“具有工程思维，能将创意和方案转化为有形物品或对已有物品进行改进与优化等”。由此可见，开展工程教育，对于培养学生的工程设计能力、发展学生的创新思维、提升学生解决问题的能力具有重要意义。

一般而言，一个良构问题只有一个令人满意的解决方案；而在真实生活中，我们遇到的问题大多是非良构的，主要表现为问题界定存在不确定的信息，目标数量是模糊的，解决问题的途径和方法也是不确定的。工程设计能够为学生提供一种基于开放性的、非良构问题的有效解决途径，并且能够有效支持对科学内容的学习，通过工程设计方法设计出相关功能产品，能够进一步帮助学生巩固和加深对科学概念的理解和解释。一些研究者指出，尽管工程设计是一种可以提高学习的方法，但其不应作为一门独立的学科进行教授，而应通过与具体科目相结合的方式进行教学。工程设计作为STEM教育的重要教学方法，在国内却被大多数基础教育阶段的课程所忽视，科学与技术类课程缺乏工程设计方法的应用，学生对工程设计的认识也只是抽象的、非系统化的学习。

工程设计还能够给学生提供一种积极的学习体验。工程设计的过程在激励学生获得新知识的同时，能够给学生提供丰富的学习情境，让学生通过实践强化和巩固新知识，利用创新思维解决实际问题。基于工程设计开发的各种积木、套件符合学生的认知发展特征，同时能够为工程设计提供一种基于游戏的学习工具。许多基于工程设计的研究也借助积木搭建探讨将工程设计引入科学课程学习的途径，帮助学生更好地明确和应用所学知识来解决真实世界的非良构问题。

基于此，本书尝试以工程设计作为连接科学、数学和技术的纽带，以积木搭建为课程载体，开展工程设计实践课程的学习。

1.1　工程设计的内涵及教学模式

1.1.1　工程设计的发展与内涵

工程设计是当前基础教育阶段科学教育课程的重要组成部分。工程设计为学生提供了通过“做中学”加深知识理解的方法，其理念符合建构主义的重要原则。工程设计作为科学学习的一个有力支撑，通过为学生提供一个解决开放问题的有效方法，设计功能性作品，从而为探索科学概念打下坚实的基础[1]。

作为当代基础教育阶段科学课程的重要组成部分，工程教育已经体现在多个国家的课程文件中。2018 年，美国国家科学院等发布了《以调查和设计为中心的 6~12 年级科学与工程》报告，明确提出以科学调查和工程设计作为科学教育的核心实践，其代表了美国科学教育实验教学的前沿性研究成果。工程设计融入 K-12 教育中，使其具备作为教学方法、学科实践和学科核心观念的内涵[2]。英国、加拿大等国也效仿制定国家科学课程标准；澳大利亚也将设计、科技与工程定为中小学必修课程。由此可见，工程教育实践已成为新一代国际教学改革的重要一环。

工程教育与科学教育具有天然联系。对科学、技术和工程概念的辨析有利于理解三者的关系并促进其有机融合。科学是认识世界、解释自然界客观规律的系统理论知识，解决“是什么”和“为什么”的问题；而技术是改造世界、利用自然界的学科，解决“做什么”与“怎么做”的问题；工程则是面向现实问题，将观念形态进行物化，是对科学与技术的应用，重视构建的过程。工程是对科学和数学的某种应用，通过这一应用，使自然界的物质和能源的特性能够通过各种结构、机器、产品、系统和过程，以最短的时间和最经济合理的人力做出高效、可靠且对人类有用的事物。

与工程实践直接相关的思维称为工程思维。《普通高中通用技术课程标准》（2017

版）将工程思维列为通用技术学科核心素养之一，指出：“工程思维是以系统分析和比较权衡为核心的一种筹划性思维。学生能认识系统与工程的多样性和复杂性；能运用系统分析的方法，针对某一具体技术领域的问题进行要素分析、整体规划，并运用模拟和简易建模等方法进行设计；能领悟结构、流程、系统、控制等基本思想和方法并加以运用；能进行简单的风险评估和综合决策”[3]。

工程思维的具体应用就是工程设计的实施过程。总体来说，工程设计是指人们运用科技知识和方法，有目标地创造工程产品构思和计划，对其进行综合分析、论证，并把设想变为现实的一种创造性的系统化过程。具体实施是在一定的约束条件限制下，运用科学、数学知识和技术手段，有目的、有创造性地解决问题，其涵盖了需求辨识、方案设计、测试和评估等基本过程。

国内外许多研究者将工程设计与学科教学做了融合实践的尝试和探索。一些研究表明，学生参与基于工程设计的科学课程，对于提高对工程的认可，维持对工程和科学的兴趣、参与和自我认知具有重要作用，还有利于产生潜在的职业抱负[4]。另外，研究也发现基于工程设计的搭建课程对学生的问题解决能力有显著提升，学生作品较传统教学模式下作品成绩更为突出[5]。

诸多研究表明，工程设计在中小学学科融合的教学实践中具有广泛的应用空间，基于工程设计的教学对于加深对科学概念的理解、提高解决问题的能力、发展社会性交往能力等具有积极作用。因此，基于 STEM 教育的视角，将工程设计引入到科学教育过程中，整合工程、技术、数学和科学内容创新教学模式，有利于提高我国中小学生科学素质的培养效果，促进创新型人才的培养。

1.1.2 工程设计常用教学模式

2006 年，美国马萨诸塞州教育部门颁布了《马萨诸塞州科学和技术 / 工程学课程标准》，该标准从问题解决的角度提出了一个工程设计模式，为教师的课程设计和实施提供指导[6]。该工程设计模式包含辨识需求与问题、研究需求与问题、开发可能的解决方案、选择最佳方案、构建模型、测试和评价解决方案、交流解决方案、再设计八个步骤。

2011 年，Hynes 等人提出一个更全面、更准确的工程设计模式，以帮助学生在 STEM 课程中解决工程问题的挑战，该模型包含辨识需求与问题、研究需求与问题、开发可能的解决方案、选择最佳方案、构建模型、测试和评价解决方案、交流解决方案、重设计、完成决定九个步骤[7]。

2015 年，澳大利亚昆士兰科技大学的 Lyn D English 和 Donna T King 从 STEM 融合的视角设计了工程设计过程模式，包括问题界定、产生想法、设计与建构、设计评估、重设计五个阶段[8]。问题界定包含核实和确定目标、识别约束条件、考虑问题的可行性等。产生想法包含分享观点、讨论策略和发展计划等。设计与构建包含绘制设计草图、转换设计到模型等。设计评估包含检验模型、检查约束和评价目标达成。重设计包含了回顾最初的设计、绘制新的设计蓝图、修订模型。该模式突出强调了 STEM 各学科知识在工程设计每个过程中的融合。

我国学者李艳燕和黄志南在马萨诸塞州工程设计教学模式的基础上，简化了其实施过程，设计了五步工程设计教学模型，该模型包含发现问题、研究可能的解决方案、决定最佳方案、设计原型、测试原型五个核心环节[5]。发现问题环节要求学生通过考虑已有条件和需要解决的问题去形成总体设计。研究可能的解决方案要求学生利用所学知识和技能发展可能的解决方案。决定最佳方案要求学生需要考虑所有的设计方案，并通过决策形成最佳方案。设计原型要求学生分组协作完成满足设计需求的作品。测试原型要求学生测试和改进他们的解决方案和作品，并阐述作品的工作原理。

分析对比以上 4 个工程设计模式，可发现其在一些工程设计的环节上存在相似之处。如都包括明确问题与需求、研究解决方案、选择最佳方案、建构原型、测试评估等环节，但内部具体的逻辑顺序有所不同。本书将以这 4 种模式为基础，综合各模式的优点，对工程设计过程中各个环节进行优化和整合，提炼出更适合以创意搭建为载体的工程设计教学模式，该模式在后文详细说明。

1.2 创意搭建与工程设计课程目标

1.2.1 创意搭建在中小学课程中的定位

2017 年 2 月，《义务教育小学科学课程标准》颁布，新标准明确新增了“技术与工程”内容。标准中对技术与工程部分的内容提出了以下要求：教师应指导学生通过对常见工具和器具的操作与使用，学习简单的加工方法，初步认识生活中常见的简单机械。观察一些生物运动系统的主要结构，了解它们和仿生机械之间的关系。尝试将周围简单科技产品分解，了解其各部分之间的功能。通过使用杠杆、滑轮、轮轴、斜面等简单机械，体会机械能够让人们省力、工作更加方便，在生活中寻找常见的简单机械的应用实例，观察简单机械装置的结构和作用，运用杠杆、滑轮、齿轮等简单机械装置的传递改变力的大小。

2017 年发布的《普通高中通用技术课程标准》在选择性必修系列——“技术与工程”中提出了 3 个模块，即工程设计基础、电子控制技术、机器人设计与制作。该系列课程面向的是对技术与工程感兴趣或有特长，未来可能会在工科专业进行学习和深造的学生。在“机器人设计与制作”模块中明确指出了对常见连杆传动装置的结构和应用的理解、设计与制作，可以对轮式、多足等种类的机器人进行拆卸、组装、改进和运行。

2017 年教育部印发的《中小学综合实践活动课程指导纲要》中指出，从学生的真实生活和发展需求出发，要在小学、初中、高中连续性开展综合实践活动课程，学生能从个体生活、社会生活及与大自然的接触中获得丰富的实践经验，形成并逐步提升对自然、社会和自我的内在联系的整体认识，具有价值体认、责任担当、问题解决、创意物化等方面的意识和能力。在以设计制作为活动方式的实践活动中，鼓励学生利用工具与技术物化自己的创意，提升自己的技术意识、动手能力、工程思维和解决问题的能力。

据此可以发现，我国中小学已经认识到在基础教育阶段对学生开展工程教育的重要性，并将工程设计融入到科学、通用技术等学科中，作为一个整合式的项目面向学生开展。从具体内容来看，与工程相关的学习模块主要体现为对机械原理、运动结构的认识与应用。作为实践性很强的工程学习，理论解释远远不够，必须要基于真实问题开展项目设计，才能真正发挥工程教育的目的，这就需要恰当的课程载体作为支撑。积木搭建是一种非常合适的课程载体，可以定制和自由选择的积木块几乎满足所有机械结构的设计，搭建过程本身也具有鲜明的情境性、挑战性、创新性等特点。因此，创意搭建课程是中小学实施科学课、通用技术课、综合实践课[①]教学的良好载体。

1.2.2 基于工程设计的创意搭建课程的优势

与单纯的积木搭建课程相比，基于工程设计的创意搭建具有以下几点显著优势。

---

① 为了表达方便，后文将这三类课程统称为“科创类课程”。

（1）基于工程设计的创意搭建有助于提升学生对科学知识的理解。相较于传统的科学教学，工程设计过程让学生真正成为主动学习者，应用知识进行设计与制作的过程可以让学生更直观地理解运动、机械结构等科学知识，并进一步巩固和深化，而且基于工程设计的创意搭建更能吸引学生保持较长时间的学习兴趣。

（2）基于工程设计的创意搭建有助于促进学生的协作与交流。工程项目多采用小组协作的方式进行，小组协作学习方式能够促进学生的积极沟通，使小组内的分工趋于合理、协作策略也逐渐高效，良好的协作让小组的解决方案更有效、工作效率更高、团队意识更强，从而有效地提高了学生的协作学习和人际交往能力。

（3）基于工程设计的创意搭建有助于发展学生的批判性思维。工程设计方法帮助学生辨析要解决的问题，形成多个解决方案，分析评估所有解决方案，从而得到最佳方案，反思不足进行补救，这些过程都不同程度地应用了各个层级的批判性思维，因此学生的批判性思维可以得到有效提高。

（4）基于工程设计的创意搭建有助于提高学生解决问题的能力。工程项目围绕真实问题展开，工程设计流程引导学生以一种系统化的方式解决实际问题。学生在设计功能产品解决工程问题的过程中，提高了自身解决问题的能力。

1.2.3　创意搭建课程教学目标

创意搭建的教学目标从知识与技能、过程与方法、情感态度与价值观三方面展开。

1. 知识与技能

（1）认识并理解搭建中常见的三角形、四边形等简单结构，齿轮传动、滑轮传动、链条传动、涡轮传动、连杆传动等传动结构，进一步加强对曲柄摇杆、双曲柄、曲柄滑块等曲柄连杆机构的理解与应用，能用积木块搭建出这些结构或机构的基本型。

（2）了解机器人的发展历史与典型结构，能利用平行四杆机构、切比雪夫连杆机构、克兰连杆机构等典型连杆机构设计搭建出双足、四足、六足等多足机器人。

（3）能够根据项目需求，选择实现作品功能的核心结构，灵活运用多种结构或机构，设计并搭建创意作品。

2. 过程与方法

（1）认识工程设计的一般流程，在工程设计过程中理解工程设计指向具体的现实问题，需要一定的因素限制，满足特定的标准需求，是一个需要不断迭代优化，直至产生最佳设计方案的过程。

（2）在创意搭建和工程设计过程中，善于思考与探究，能够对所学知识与技能进行融会贯通和举一反三，以书面表达、绘制草图等方式准确表达自己的创意想法，能够与同伴合作交流，共同完成完整的创意搭建项目。

3. 情感态度与价值观

（1）强化认识工程在现实生产生活中的重要性，工程设计是解决一些现实问题的有效途径，通过工程教育可以提高学生解决问题的能力、创新性思维、批判性思维等。

（2）在基于工程设计的创意搭建活动中，体验搭建活动体现出的结构之巧、造型之美、功能之强，培养对工程设计的兴趣，发展工程思维。

1.3 创意搭建课程的活动设计与教学实施

1.3.1 创意搭建活动设计原则

基于工程设计的创意搭建活动遵循以下几个原则进行。

1. 问题真实性原则

在学习活动中，应为工程设计达成创设一个真实的问题情境。真实的问题情境能够使学生认识到学习的目的不仅是掌握知识，更重要的在于应用知识创造性地解决问题。这种基于真实情境的设计也使学生学习以类似工程师的身份解决问题，充分发挥掌握的知识和技能，利用手中的积木搭建模拟真实问题的解决，从而体验到成就感。

2. 开放性原则

在学习活动中呈现出的问题是结构不良型的，不存在唯一解，其解决方案具有开放性。鼓励学生根据问题情境头脑风暴，进行发散思维，形成多个解决方案。此后对这些方案进行分析、比较，选择最佳方案解决问题。

3. 系统性原则

在学习活动中，项目内容由简入繁、由易到难、由理论到实践，层层递进，方便学习者从宏观上建立对工程设计中结构搭建的整体认知。从简单的三角形与四边形结构，到应用广泛的传动结构，再到较为复杂的机器人结构设计，搭建难度上逐渐增加，对设计的要求也越来越高。学习的最终目标是可以实现对一个复杂问题的方案设计与搭建实现。

4. 基础性原则

在案例设计上，重视对同一类结构的总结提炼，其涉及的知识内容具有基础性，通俗易懂。虽然工程设计不会存在一个通解，但往往存在典型的核心结构。本书面向几乎没有工程教育经验或者搭建经验的学习者，掌握基础性的结构模型更有助于学习者的迁移与创新。

5. 游戏性原则

在案例设计上，重视任务的趣味性，因此所选案例生动活泼，均可以用于游戏或竞赛。游戏化与竞赛型的任务约束更能激发学生的兴趣与斗志，从而投入更多的创意和精力优化修改自己的作品，而这个过程又会进一步增强学生对知识的理解与运用，提高解决问题的能力。

1.3.2　创意搭建活动教学实施

依据创意搭建与工程设计课程特点，本书在参考借鉴其他学者研究成果的基础上，总结出适用于本书学习活动的教学模型。该模型主要分为发布问题、开展调研、明确任务、设计方案、构建原型、测试原型、交流分享、优化原型共8个环节，如图1-1所示。

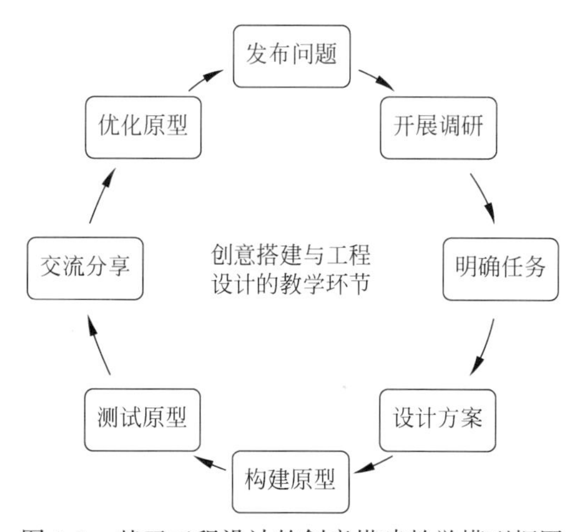

图1-1　基于工程设计的创意搭建教学模型框图

1. 发布问题

问题情境是开始工程设计的重要保证。问题的发布对于未来的明确具体任务环节具有重要意义。发布的问题应满足几个方面的要求：①问题应能将学生置于任务情境中；②问题应来源于真实的社会问题，如下雨天公交站的座椅经常被雨水打湿，无法供乘客使用，如何解决在下雨天仍可使用座椅的问题；③有多样的问题解决方案，问题是开放的，多种解决方案都可以达成问题解决；④问题具有迭代性，从一个目标开始，解决方案历经假设、论证、建模、检验、评估和优化等过程，能够为学生创造反思、改进的机会；⑤所选内容涉及的知识应大部分在学生的已学知识范围中，促进学生新旧知识联系，从而进行有意义的学习。

2. 开展调研

使用调查法等形式，确定要解决哪些具体问题，解决的问题对应具体的功能。调查人群可以是不同的群体角色，以便获得更为全面的功能维度。可以为学生介绍调查法的一些基本操作方法，包含发放问卷、电话咨询、面对面交谈等。例如，关于街道智能垃圾桶的设计，可以请学生调研街道环卫工人、附近居民、环卫部门、家长群体等，汇总真实的产品需求。

3. 明确任务

汇总调研后的结果，依据现有设备条件，明确具体功能，开展任务实施环节。理清任务的实际需求和最终要达成的目标，限制和约束条件，识别任务的重、难点。如果对任务解读不充分，就会造成最终问题解决方案的偏离，不仅不能解决问题，还会造成人力、物力的损失。

4. 设计方案

明确问题之后就要设计解决方案了。对于真实情境中的问题，解决方案可能不止一种。因此在这个环节可以要求学生小组协作，各自独立思考、表达想法，综合小组意见，最终形成本组的设计方案。在本阶段中，基于工程设计的思想，要求学生采用绘制设计草图的方式对解决方案进行表达。在设计作品阶段，绘制设计草图可以帮助学生明确问题，找到解决问题的关键因素。伴随活动的进行，学生会逐步意识到初期阶段进行系统化设计的重要意义，并会有意识地预测和思考作品搭建阶段的关键问题和可能出现的困难。设计图越详细，则学生对作品结构的把握、对零件的选取和科学原理的应用就会越准确。绘制草图也更加便于学生后期对作品进行优化和完善。

5. 构建原型

构建原型是搭建活动中耗时最长，也是最关键的一部分，是对解决方案的物化与验证。在搭建过程中，往往会暴露出一些在设计方案阶段没有预想到的问题，这不仅会考验小组的合作学习态度与效果，而且会考验学习者在解决问题时的应变能力。

6. 测试原型

搭建完作品原型之后，要对其进行测试，检验该作品是否能在约束条件之内解决预定的问题。学生需要对测试结果进行记录，并尝试对结果进行解释说明或给出解决方案。

7. 交流分享

交流分享是不可忽视的一个环节，对学生而言，交流分享不仅可以彼此欣赏到其他组别同学的作品，认识到在实践过程中遇到的各种问题以及对应可行的解决方案，而且这一过程往往对学生产生激发和联想的效应，让学生借鉴同伴经验来优化和完善自己的作品。另外，交流分享对于增强学生自身的成就感和快乐感具有重要意义。

8. 优化原型

工程设计是一个需要不断迭代优化的过程，作品原型的测试结果为再设计指明了优化方向，而作品就是在这种循环往复的“设计—构建—测试”中一步一步完善起来的。

1.4 创意搭建课程的教学评价

1.4.1 评价维度与评价方式

课程评价的主要目标是全面了解学生学习过程和结果，评价的结果可以帮助教师改进教学，同时激励学生更好地学习。创意搭建与工程设计课程的评价将从全面培养学生科学素养的角度出发，建立主体多元、内容全面、评价多样的综合评价体系。

根据评价的时机不同，教学评价可以分为诊断性评价、过程性评价和总结性评价。诊断性评价发生在教学之前，是为了了解学生现有水平和学习情况而进行的评价，以便根据学生的实际情况适当安排教学，常见形式如摸底考试、课程前测问卷等。过程性评价发生在教学过程中，目的是提供教学反馈，改进学生的学和教师的教的行为，常见形式如随堂提问、单元测试等。总结性评价是在学习结束后对学生进行的评价，评定学生的成绩，检验是否达到了教学目标的要求，并对整个教学活动的效果做出评价，常见形式如期末考试等。以上 3 种评价方式各有侧重，对整个教学过程的设计、实施、反馈都发挥着重要作用，都可以作为教学改进的参考依据。

根据评价方法的不同，教学评价可以分为质性评价和量化评价。质性评价是运用分析综合、比较分类、演绎归纳等方法对资料进行分析，分析结果是描述性的材料，常见形式有访谈法、观察法、调查法等。量化评价是运用数理统计、多元分析等数学方法，从大量的数据中提取规律性结论，分析结果一般是统计性的材料，常见形式有问卷法、实验法等。

根据评价主体的不同，教学评价可以分为自评和他评。自评的评价主体是学习者自身，他评的评价主体通常是教师、学生同伴等。

在基于工程设计的创意搭建课程中，通常采用混合式的评价方式，过程性评价与总结性评价相结合，质性评价与量化评价相结合，自评和他评相结合，评价方式的多元化可以使评价结果更加全面、真实、可信。在实际操作中，可以采用科学知识测试、创意作品评价、核心素养能力评价等量化研究方法与课堂观察、课后访谈等质性研究方法相结合的形式开展评价。下面就具体内容进行阐述。

1. 科学知识测试

根据所学内容编制问卷，考查学生对知识与技能的理解和掌握程度，问卷可以分为单元测试问卷和综合测试问卷。如果存在实验班和对照班，知识技能的评价结果可以直观说明基于工程设计的搭建活动是否更有助于加深学生对科学知识的理解与解释。

总体上，设计试题时内容需要覆盖已学内容及相关科学概念，试题考查知识点分布应均衡、难度适中。如果是针对小学低阶段学生的测试，则应多配图示，方便学生理解题意。考查应避免直接出识记性的概念题，而应从生活中抽象出科学原理和问题，方便教师考查，判断题和选择题的示例分别如图 1-2 和图 1-3 所示。

（1）不同体重的两人坐在跷跷板的两边，有办法让跷跷板保持平衡。（ ）

（2）如图所示，生活中都把自行车的几根梁做成三角形的支架，这是因为三角形具有稳定性。（ ）

（3）伸缩衣架做成四边形的样子是因为四边形不稳定。（ ）

图 1-2　以本书第 2 章为例的判断题示例

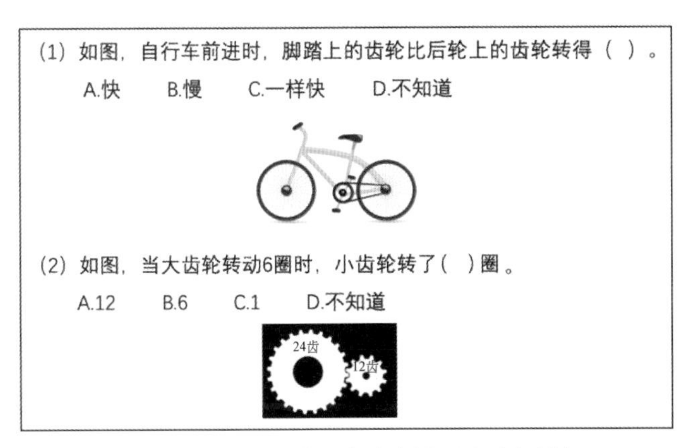

图 1-3　以本书第 3 章为例的选择题示例

2. 创意作品评价

根据创意搭建课程的特殊性，每次活动结束学生都需要生成一个搭建作品。对学生作品的评价分为自评和他评两种评价方式。作品的评价维度可以根据课程授课的目标或需要进行自定义，如对作品的功能性、实用性、创新性等进行评价。无论使用何种评价维度，都应遵循几个方面的原则：一是科学性原则，评价体系要科学有依据，各维度权重应合理；二是易用性原则，评价要便于比较和计算，具有实际的可操作性；三是独立性原则，综合考虑多方面因素，合理划分评价维度，使各维度之间既相互关联又相对独立，不重复计算。

常用的评价维度一般包括以下几方面：功能性，主要指作品是否达成了预定的功能要求；创造性，作品是否具有原创性；新颖性，作品设计是否有独特的想法；科学性，有科学探索或者包含了较深的科学原理。

本书给出一个已有研究中采用的创意作品评价的量表[9]，供读者参考，如表 1-1 所示。

表 1-1　创意作品评价量表

项　目	描　　述	具体说明
新奇性	作品设计的原创性	4（优）作品创意极佳 3（良）作品创意良好 2（普通）作品创意一般 1（差）作品创意极差
实用性	作品所提供的用途	4（优）具有两个以上完整用途 3（良）具有一个完整用途 2（普通）具有简略的用途 1（差）无具体用途

续表

项　目	描　　述	具体说明
完整性	作品结构的完整性	4（优）作品结构极佳 3（良）作品结构良好 2（普通）作品结构一般 1（差）作品结构极差
健壮性	作品设计的坚固程度	4（优）作品的坚固性极佳 3（良）作品的坚固性良好 2（普通）作品的坚固性一般 1（差）作品的坚固性极差
艺术性	作品设计的审美表现	4（优）作品外观极佳 3（良）作品外观良好 2（普通）作品外观一般 1（差）作品外观极差

教师也可以根据自己的课程活动设计目标定义适合的作品评价维度。

3. 综合素质能力评价

综合素质能力评价是指采用量表的方式评价学生的问题解决、工程应用、团队合作、态度与动机等能力。如创造性维度可以包括学生作品是否提出了新颖独创的问题解决方案，是否能灵活地表达对知识和技能的理解与应用；问题解决维度可以包括学生作品是否满足问题情境中的约束条件以及解决问题的程度，学生是否按照工程设计的流程解决问题，在解决问题的过程中是否体现出了耐心与毅力等；工程应用维度可以包括学生作品是否体现了工程设计思路，能否解决工程问题，学生是否理解了机械结构等原理与应用；团队合作维度包括学生的合作分工是否合理，能否自由表达自己的观点，与其他同学的交流沟通过程中是否能借鉴学习等；态度与动机维度包括学生是否喜欢该课程，能否积极参与活动，在活动中的表现是否积极乐观，是否认同自己，对课程有何期待，对工程学习的态度等。这些能力都可以采用相应的量表进行定量测量。

4. 课堂观察法

教师或助学者制定观察记录表格，有目的、有计划地在自然状态下观察学生在课堂上的学习行为，包括学生提问、语言表达、面部神情、交流讨论、师生互动、课堂纪律等具体内容，实时的记录观察可以作为后期教学评价的参考之一，由此也能判断学生对学习内容的感兴趣程度和投入程度。

5. 课后访谈法

课程结束后对每个学生进行访谈，访谈提纲可由教师自行编制。访谈内容包括学生在活动过程中的学习感受、对活动本身的评价和对自身能力的评价。访谈结果作为评估本次教学设计的依据，以进行优化改进。下面为一期搭建教学活动后所进行的访谈提纲。

访谈提纲

（1）你可以回忆起我们每次的活动主题吗？ 你记得我们的搭建环节吗？

（2）你喜欢跟伙伴们一起搭建吗？ 你觉得你们合作得怎么样？你们有过争执吗？怎么解决的？

（3）上课的过程中，你觉得自己提出设计方案、画图纸、修改自己的方案等哪个过程比较难？为什么？

（4）你喜欢画图纸吗？为什么？你觉得画图纸对你的作品呈现有帮助吗？

（5）搭建过程中你会参考别人的作品吗？改进的时候呢？为什么？别人的作品给了你哪些启发？

（6）你对自己的作品满意吗？对哪个作品最满意？为什么？

（7）你觉得现在和上课初期相比，有什么收获？比如和伙伴们的协作更好了？画图更容易了？自己能否独立想出解决方案？搭建速度提高了？

（8）你会不会推荐这个课给其他同学？为什么？

1.4.2　常用评价量表

1. 21世纪技能量表

21世纪核心素养定义了面向未来的学习者和劳动者应具备的核心能力。美国、欧盟、中国等都分别定义了面向21世纪学生发展的核心素养。世界教育创新峰会（WISE）与北京师范大学中国教育创新研究院共同发布了《面向未来：21世纪核心素养教育的全球经验》研究报告。报告指出，当前最受各经济体和国际组织重视的七大素养分别是沟通与合作、创造性与问题解决、信息素养、自我认识与自我调控、批判性思维、学会学习与终身学习以及公民责任与社会参与。

可以使用多种方法对学生的核心素养能力进行评价。中国香港中文大学的蔡敬新教授提出21世纪技能主要包括6个因素，即自我导向学习技能、协作学习技能、利用技术有意义学习技能、创造性思维、批判性思维和真实问题解决能力。这些因素分为两个组成部分，第一部分是关于学习过程，第二部分是关于高阶思维过程。这些技能是为了使学习者具备创造知识的能力，即知识创造效能。基于此，蔡敬新教授编制了21世纪技能量表，包括7个维度，共42题，用于测量学生21世纪技能，如表1-2所示。整套问卷采用李克特式五点量表评分加总方式（“1”为“非常不同意”；“2”为“不同意”；“3”为“不清楚”；“4”为“同意”；“5”为“非常同意”）。

表 1-2 21 世纪技能量表

第一部分 自我导向学习	
1	在学习时，我会制订学习计划
2	在学习时，我会设定学习目标
3	在学习时，我会去思考如何使用不同的方法来提高学习效率
4	在学习时，我会根据进度调整学习方式
5	在学习时，我会检查学习进度
第二部分 协作学习	
1	在学习时，我会积极地和同学一起完成学习任务
2	在学习时，我会积极地和同学一起讨论关于学习内容的不同见解
3	在学习时，我可以从同学那边获得对于功课有帮助的建议
4	在学习时，我会积极地和同学一起学习新知识
5	在学习时，我会积极地跟同学分享和解释我们对于学习内容的理解
第三部分 使用技术的有意义学习	
1	在学习时，我使用计算机组织和保存有助于学习的信息
2	在学习时，我使用计算机记录学习过程中的各种想法
3	在学习时，我使用计算机组织和整理来自其他资源的信息
4	在学习时，我制作电子文件（如PPT、Word等）来表达我对知识的理解
5	在学习时，我从网络找到了有用的信息帮助我学习
第四部分 批判性思维	
1	在学习时，我会思考其他可能的方式去理解所学的内容
2	在学习时，我会去评估不同的意见，看哪一个较合理
3	在学习时，我能为我的观点提供理由和证据
第五部分 创造性思维	
1	在学习时，我会产生很多新的想法
2	在学习时，我会为某一问题提出不同的解决方案
3	在学习时，我会建议新的做事方法
4	在学习时，我会构思有用的想法

续表

第六部分　真实问题解决	
1	在学习时，我会受到来自现实世界问题的挑战
2	在学习时，我会学习关于现实生活的问题
3	在学习时，我会调查引起现实生活问题的原因
4	在学习时，我可以应用知识去解决现实生活问题
5	在学习时，我会尝试解决现实生活问题
第七部分　知识创造效能	
1	我能够综合不同的想法以产生新的想法
2	对我所学习的内容，我能提出自己的解释或理论
3	我能够设计可能有用的东西
4	我能够自己创造有用的知识
5	我能够针对学习的内容产生新的想法

其中，自我导向学习部分是探讨学生对学习过程中发挥积极作用程度的看法。例如，“在这门课上，我会为如何学习制订计划。”

协作学习部分探讨学生对为小组做出贡献（如互动、讨论和协作）程度的看法。例如，“在课上，我和我的同学积极地共同学习新知识。”

使用技术的有意义学习部分评估学生对如何使用适当技术支持学习程度的感知。例如，“在这门课上，我使用计算机来组织和保存我学习的信息。”

批判性思维部分调查学生对学习过程评价的意识，如决策、分析任务、评估争论。例如，“在这门课上，我思考其他可能的方式来理解我正在学习的内容。”

创造性思维评估学生对学习产生的想法或发展新的学习方式程度的感知。例如，“在这门课上，我产生了很多新想法。”

真实问题解决能力考查学生是否同意在课堂上处理现实生活中的问题。例如，“在这门课上，我研究了引起现实问题的原因。”

知识创造效能测量学生在学习过程中对创造新的想法或扩展已有知识的信心。例如，“我能够对于我正在学习的问题的相关事情建立解释或理论。”

2. 解决问题能力量表

解决问题能力是培养学生核心素养和21世纪基本技能非常重要的一种能力。本书引用的是中国台湾李晓菁的解决问题能力自我检核表[10]，该量表的测验目的是运用解决问题的思考模式与策略来解决日常生活的问题，分为理清问题、提出可能的解决策略、决定解决策略、按照策略采取行动、评价行动的效能共 5 个维度，每个维度各 5 题，题目与所属维度一致。具体量表内容如表 1-3 所示。

表 1-3 解决问题能力量表

第一部分 理清问题	
1	当我想解决某一问题时，我会仔细想想，这个问题到底是怎么发生的
2	当我想解决某一问题时，我会对与问题有关的人、事、时、地、物采集相关资料，以帮助我了解问题
3	当我想解决某一问题时，我会先了解造成问题的原因是什么
4	当我想解决某一问题时，我会回想当时的情境、问题中所牵涉任务的想法、感觉以及前因后果
5	当我想解决某一问题时，我会把困扰我的原因仔细想清楚
第二部分 提出可能的解决策略	
6	当我想解决某一问题时，我会从不同的角度想出解决办法
7	当我想解决某一问题时，我会想出一个以上的解决方法
8	当我想解决某一问题时，我会从父母或老师的角度想想看，他们可能会给我什么意见
9	当我想解决某一问题时，我会去询问其他人的意见
10	当我想解决某一问题时，我会想一想那些成功的人是怎么做的
第三部分 决定解决策略	
11	在我决定解决方法前，我会仔细思考解决方法的成功性高不高
12	在我决定解决方法前，我会仔细思考解决方法容不容易实行
13	在我决定解决方法前，我会将所有的解决方法按照成功性的高低排列
14	在我决定解决方法前，我会思考解决方法会不会产生不良后果
15	按照解决方法执行了一段时间后，如果问题还是没有解决，我会再想新的解决方法
第四部分 按照策略采取行动	
16	按照解决方法执行了一段时间后，如果问题还是没解决，我会检讨自己哪里没有做好
17	按照解决方法执行了一段时间后，如果问题还是没解决，我会重新思考新的解决方法
18	在我决定解决方法前，我会思考解决方法适不适合我
19	当我决定了解决办法后，我会按照想出来的解决方法执行
20	当我决定了解决办法后，我却常忘了要去执行
第五部分 评价行动的效能	
21	当我决定了解决方法后，我会设定步骤，一步一步地去执行
22	当我决定了解决方法后，我一定会彻底执行
23	在我执行解决方法时，如果遇到困难，我就会放弃
24	按照解决方法执行了一段时间后，我会思考解决方法有没有达到预期的目标
25	按照解决方法执行了一段时间后，我会思考问题是否获得真正的解决

3. 学习投入量表

学习投入是衡量学生学习过程中学习质量和动机水平的重要指标。它测量学生是否在学习过程中能够深入学习活动，积极思考，挑战困难，并获得积极的情感体验。研究者设计了非常多的测量学习投入的量表。本书引用的是李西营等人在 Schaufeli 等人开发的工作投入量表基础上修订的学习投入量表[11]，如表 1-4 所示。

表 1-4 学习投入量表

序 号	学习投入量
1	学习时，我精力充沛
2	我觉得学习很有价值和意义
3	学习时，我觉得时间过得很快
4	学习或上课时，我充满活力
5	我对学习感兴趣
6	学习时，我很专注，以至于忘记了周围的一切
7	学习能够激发我的求知欲
8	早晨一起床，我就充满学习的力量
9	专心学习时，我体验到了快乐
10	我对自己的学习感到满意
11	学习时，我专心致志
12	我能充满活力地连续学习很长时间
13	在学习上，我喜欢探究新问题
14	学习时，我达到了忘我的境界
15	在学习过程中，即使精神疲惫，我也能很快恢复
16	学习时，我能集中注意力，不易分心
17	即使学习进展不顺利，我也能精力充沛地坚持下去

1.5 基本搭建零件认识

搭建所用的零件多样且琐碎，根据零件的基本功能和应用场合，将基本搭建零件大致分为造型零件、传动零件、固定和转接零件、特殊零件。在描述零件的尺寸时，通常采用特殊的度量单位——凸点。一个凸点的长度就是最小颗粒的宽度，为 8mm。在衡量不是颗粒的零件时，也采用凸点宽度作为基本单位。

1.5.1 造型零件

常见的造型零件包括板、砖、梁和杆。

1. 板

板上方有凸点，厚度较小，其作用是连接或填充，一般当作垫片或者连接片使用，可与砖、梁、板等带有凸点的零件连接。板的命名规则是根据板上凸点排布方式进行命名的：行 × 列，一般最多两行，示例如图 1-4 和图 1-5 所示。

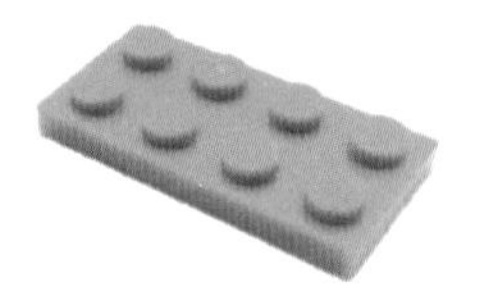

图 1-4　2×4 板

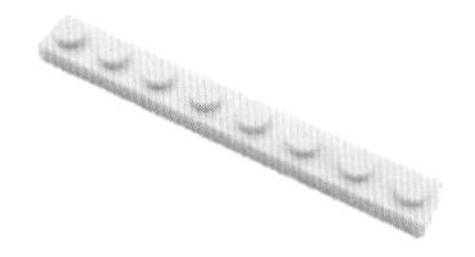

图 1-5　1×8 板

2. 砖

砖是一种厚度为板的 3 倍的零件，其作用是支撑与填充，通常用作作品的体积填充堆积，与其他零件结合可快速搭建出作品的主体部分，可与板、梁、砖等带有凸点的零件连接。砖的命名规则是根据砖上的凸点排布方式进行命名的：行 × 列。一般最多两行，与板的命名相同，如图 1-6 和图 1-7 所示。

图 1-6　2×2 砖

图 1-7　1×4 砖

需要强调的是，砖的厚度 = 板的厚度 ×3，这一关系在结构填充时经常用到。

3. 梁

梁可以看作有孔的砖，孔可以用来插销，可扩展性强，其作用是连接、固定、支撑，可与板、砖、梁等带有凸点的零件连接。销孔可以插销，也可以插轴。梁的命名规则是根据零件正上面的凸点个数进行命名的，一般来说梁只有一行，图 1-8 从上至下依次为 1×1 梁、1×2 单孔梁、1×4 梁、1×6 梁等。

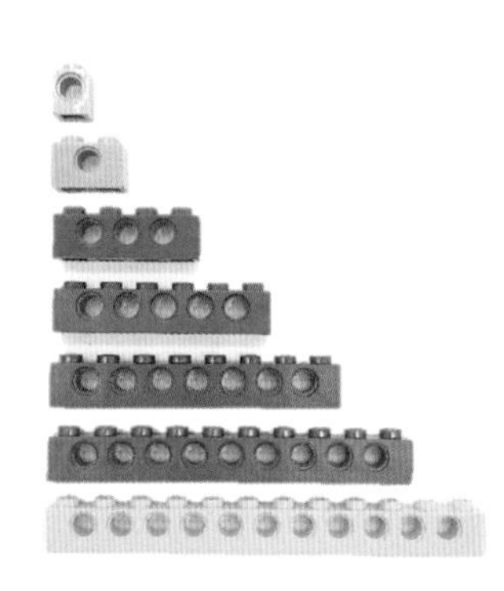

图 1-8　不同单位长度的梁

梁与砖的区别在于梁上有销孔，且只有一行，而砖可以是多行，甚至有异形的砖（斜面砖、圆形砖等）。

4. 杆

杆的形状种类比较多，其作用主要是连接、固定与支撑，可用来搭建各种造型，连接其他零件。由于杆上有销孔或轴孔，所以杆一般与销和轴连接。

杆的命名规则按照形状不同进行区分命名，如直杆、直角杆、弯杆等，而同一种杆则根据孔的数量和种类进行命名，如 1 × 3 杆、2 × 4 带轴孔直角杆。图 1-9 至图 1-14 为各种类型的杆。

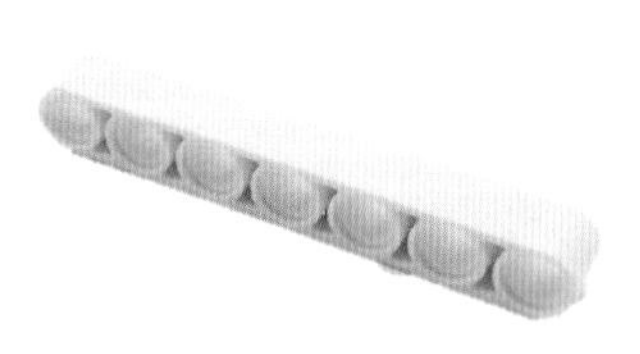

图 1-9　1 × 7 杆

图 1-10　3 × 5 直角杆

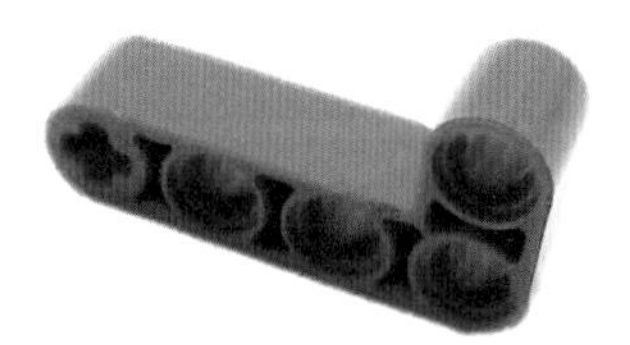

图 1-11　2 × 4 带轴孔直角杆

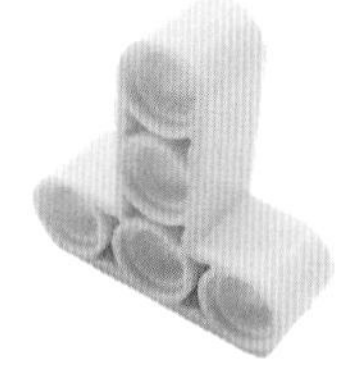

图 1-12　3 × 3 T 形杆

图 1-13　135° 4 × 6 弯杆

图 1-14　双弯杆

（1）直杆。仅有销孔，按照销孔的数目进行命名。

（2）直角杆 1。仅有销孔，按照两个直角边的孔数进行命名。

（3）直角杆 2。有销孔也有轴孔的杆，按照两个直角边的孔数进行命名。

（4）T 形杆。仅有销孔，按照两个边的孔数进行命名。

（5）弯杆。这种杆的两端均有轴孔，其余孔均为销孔，按照两个边的孔数进行命名。

（6）双弯杆。这种杆的两端均有轴孔，其余孔均为销孔，有两处折角，也叫 3 × 3 × 7 弯杆。

1.5.2　传动零件

常见的传动零件包括齿轮、轴、链条、齿条等。

1. 齿轮

齿轮是齿缘上有齿，能连续啮合传递运动和动力的机械元件，齿轮与齿轮或者其他零件结合，可以传递动力，利用这种动力的传输，就能搭建出许多创意机械作品。齿轮中央的轴孔可与轴连接，四周的销孔可用来插销。

齿轮有很多种类，在最基本的齿轮上演变出的齿轮有斜齿轮、冠齿轮、离合齿轮等。齿轮的命名规则是“齿数+齿轮类型”。图 1-15 中从左至右依次为 8 齿齿轮、12 齿单面斜齿轮、20 齿双面斜齿轮、24 齿冠齿轮、40 齿齿轮，此外，还有离合齿轮、十字齿轮等。

图 1-15　不同齿数的齿轮

2. 轴

轴是具有一定长度的连接零件，其作用是连接与传动。轴与带轴孔的零件结合时，轴与零件合为一体，可以用来传递动力；轴与带销孔的零件结合时，轴不能带动零件，只能起到连接和限制零件的作用。

轴的命名规则是根据其长度命名，将梁的一个凸点作为一个单位。与两个单位等长的轴叫作 2 号轴，与 3 个单位等长的轴叫作 3 号轴，以此类推。图 1-16 所示的轴分别是 2 号轴、3 号轴、4 号轴、5 号轴、6 号轴、7 号轴、8 号轴、9 号轴与 10 号轴。

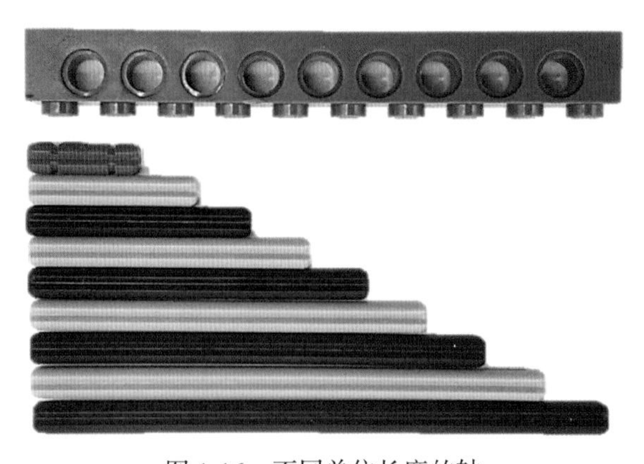

图 1-16　不同单位长度的轴

另外，还有一端带截止的轴，相当于在轴的一端装了一个轴套，如图 1-17 所示。

3. 链条

链条是一节一节连接而成的，一般用来连接距离较远的齿轮，其作用是连接、传动。可用作链条传动的有细链条和履带两种，两种均能与齿轮结合，作为连接远距离齿轮的工具或者直接作为作品的一部分，增大与地面的接触面积，如图 1-18 所示。带销孔的履带可以插销，一般用作搭建流水线时运送物品。

4. 齿条

齿条是一种将齿分布于条形体上的特殊齿轮，其作用是传动。齿条与齿轮结合，传递动力，可以将圆周运动转变为直线运动。齿条通常有两种，即普通齿条和带孔齿条，带孔齿条两端可以插销，如图 1-19 所示。

图 1-17 带截止的轴

图 1-18 履带和链条

图 1-19 普通齿条与带孔齿条

1.5.3 固定和转接零件

常见的固定与转接零件包括销、轴套、连接器等。

1. 销

销是最常用的连接零件，其作用是连接与固定。销的种类很多，按照其功能可分为光滑销和摩擦销两种（图 1-20），摩擦销两端有凸起的条纹，光滑销则没有；按照其长短可分为销和长销两种；按照其形状可分为销、轴销和轴套销（图 1-21）3 种。另外，还有特殊的双倍销（图 1-22）。

2. 轴套

轴套可将轴固定在带有销孔的零件上，避免轴在轴线上的左右晃动，起固定作用。轴套的命名规则是根据其厚度分类命名，分为轴套和半轴套两种，如图 1-23 所示。

图 1-20　光滑销和摩擦销

图 1-21　轴套销

图 1-22　双倍销

3. 连接器

连接器上有销孔，也有轴孔，既可以连接轴与轴，也可以与销结合，用来连接轴与其他零件，其作用是连接与固定。

根据连接器轴孔两侧的角度不同，可以分为 1 号连接器、2 号连接器和 3 号连接器等，如图 1-24 所示。

特殊连接器如图 1-25 所示，从左至右依次为三角联轴器、双轴孔连接器、正交连接器和联轴器。

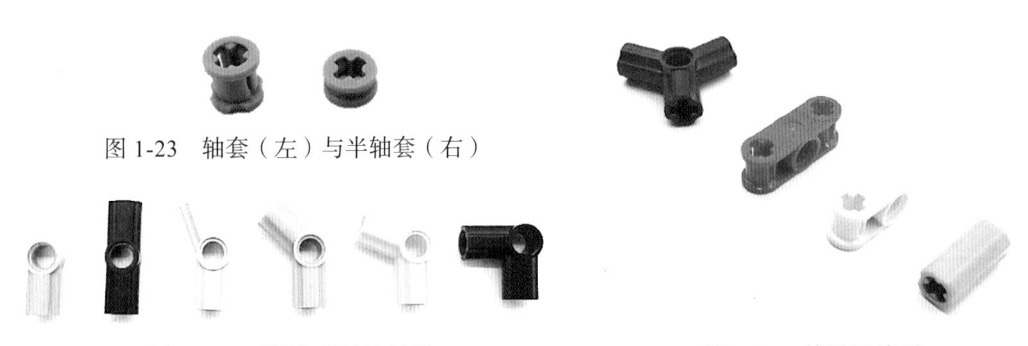

图 1-23　轴套（左）与半轴套（右）

图 1-24　不同角度的连接器

图 1-25　特殊连接器

1.5.4　特殊零件

1. 电机

电机是搭建中主要的动力来源。电机中心为轴孔，通过与之相连的轴将动力传输出去，如图 1-26 所示。

2. 轮子

轮子是搭建小车时使用的零件，由轮毂和轮胎组成。轮毂中心为轴孔，一般用轴连接，如图 1-27 所示。

3. 线圈轴

线圈轴中间有一个小孔，可用于缠绕绳子，也可以当作大滑轮，如图 1-28 所示。

图 1-26 电机

图 1-27 不同形状的轮子

图 1-28 线圈轴

4. 小滑轮

小滑轮既可以作轮毂，又可以作滑轮，如图 1-29 所示。

5. 蜗杆

蜗杆具有螺旋齿，并且与蜗轮啮合而组成交错轴齿轮副的齿轮，如图 1-30 所示。

6. 减速箱

减速箱是起减速作用的一个重要装置，需要与 24 齿齿轮和蜗杆结合使用，如图 1-31 所示。

图 1-29 小滑轮

图 1-30 蜗杆

图 1-31 减速箱

02

CHAPTER 2

第2章

简单结构

2.1 简单结构在生活中的应用

结构是指事物的各个组成部分之间的有序搭配与排列。世界上的任何事物都存在着结构，结构的形式多种多样，特定的结构决定事物存在的性质。例如，蜂巢的六边形结构决定了蜂巢具有极其稳定、坚固的特点，而且实现了材料的最大化利用；生命体的DNA双螺旋结构决定了遗传性质的稳定性。

在生产生活实践中，结构通常与力联系起来，具有良好力学性能的结构能够承受一定范围的力。以一张纸为例，平面的一张纸几乎不具备承重能力；当将纸折叠成瓦楞状时，这张纸就具备了很强的承重能力。再以桥梁结构为例，合理的力学结构设计能保证桥梁持久的坚固性，而即使微小的结构误差都可能造成桥梁坍塌。因此，合理的结构设计是事物存在的基础，也是事物设计者与生产者追求的目标。细心观察我们的生活，能发现很多常见的物品采用了合理的力学结构，如指甲刀、剪子、钳子、扳子等用到了杠杆原理，野外烧锅架、千斤顶、加油站的屋顶桁架结构经常应用三角形稳定性，吊车提起重物经常使用滑轮组结构原理。

万事万物都有自己的结构，对结构的合理设计与应用极大地便利了人们的生产生活。因此，理解结构的特点，动手设计与制作机械结构，可以帮助我们更好地解释一些现实问题，并且发挥创意设计出更好的结构来改善我们的生活。

2.1.1 三角形结构在生活中的应用

三角形是一种很常见的基本图形。在一个三角形中，如果它的3条边长度确定了，那么其面积和形状就会完全确定，而且能在施加较大外力的情况下保持原状，这一性质称为三角形的稳定性。

三角形的稳定性被广泛应用到生产生活实践中。在建筑的艺术殿堂中，很多建筑都可见三角形结构，如希腊的巴台农神庙屋顶（图2-1）、埃及的金字塔（图2-2）、巴黎的埃菲尔铁塔（图2-3）、卢浮宫入口（图2-4）等。从外观上看，三角形结构赋予了建筑强烈的视觉冲击；从结构上看，三角形的稳定性使其能够经受强大的外力冲击，历经岁月沧桑而依然屹立。在人们的日常生活中，很多工具的制造也充分利用了三角形的稳定性，如三脚凳、摄像机支架（图2-5）、篮球架、高压电线支架、桥梁拉杆（图2-6）、起重机吊臂等。三角形结构是一种非常实用的稳定性结构。

图 2-1　巴台农神庙

图 2-2　埃及的金字塔

图 2-3　巴黎的埃菲尔铁塔

图 2-4　卢浮宫入口

图 2-5　摄像机支架

图 2-6　桥梁拉杆

2.1.2　四边形结构在生活中的应用

另一种常见的结构是四边形结构。四边形结构具有不稳定性，即 4 条特定长度的边不能围成一个唯一确定的图形。应用四边形的不稳定性，可以设计可伸缩变形的结构，如学校门口的电动伸缩门（图 2-7）、提升重物的升降台（图 2-8）、可伸缩的晾衣架（图 2-9）、可伸展的伸缩梯（图 2-10）等，这种可变结构可以满足空间变换的需求。

图 2-7　电动伸缩门

图 2-8　升降台

图 2-9　伸缩式晾衣架

图 2-10　伸缩梯

2.1.3　杠杆结构在生活中的应用

“给我一个支点，我能撬起整个地球。”当阿基米德说出这句话的时候，可能会认为他夸大其词了，不过这句话却暗含了一个深刻的道理：当具备特定条件之后，就能解决一些看起来似乎不可能的难题，如运用杠杆就可以帮助我们撬动一块巨大的拦路石。什么是杠杆呢？杠杆是一种简单的机械结构，它在力的作用下能够围绕固定点转动。当杠杆在动力和阻力的相互作用下达到静止或匀速运动状态时，即达到杠杆平衡。

杠杆平衡原理在古代中国和古代希腊都曾出现过[12]。战国时期的墨子曾在《墨子・经下》中说：“衡而必正，说在得。”“衡，加重于其一旁，必捶，权重不相若也。相衡，则本短标长。两加焉重相若，则标必下，标得权也。”那时候，墨子就已经明白当杠杆两边的力一重一轻时，只要两边的臂一短一长，也能达到平衡状态。不过墨子并没有将杠杆平衡原理提升到数学定理的高度。大约两百年以后，古希腊的阿基米德在《论平面图形的平衡》一书中最早提出了杠杆原理，指出："当两重物平衡时，它们离支点的距离与重量成反比"，并根据杠杆原理设计了一系列装置，如投石机、起重机等。

杠杆结构可以分为等臂杠杆、省力杠杆和费力杠杆三类，其应用在日常生活中非常广泛。天平（图 2-11）、跷跷板（图 2-12）是典型的等臂杠杆，人们常用的工具如扳手（图 2-13）、钳子、开瓶器（图 2-14）、指甲刀等是省力杠杆，筷子、镊子（图 2-15）、鱼竿（图 2-16）等是费力杠杆。

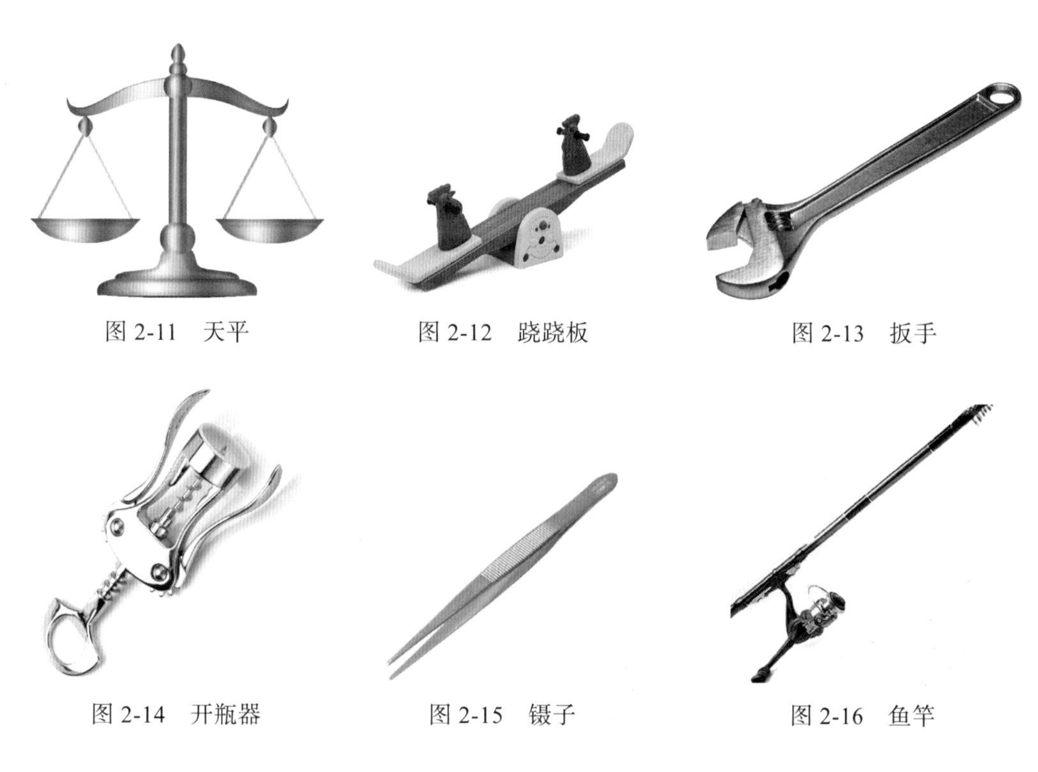

图 2-11　天平　　图 2-12　跷跷板　　图 2-13　扳手

图 2-14　开瓶器　　图 2-15　镊子　　图 2-16　鱼竿

2.1.4　滑轮结构在生活中的应用

关于滑轮的绘品最早出现于一幅公元前 8 世纪的亚述浮雕。这座浮雕展示的是一种非常简单的滑轮，只能改变施力方向，主要目的是为了方便施力，并不会给出任何机械利益。在中国，滑轮装置的绘制最早出现于汉代的画像砖、陶井模，在《墨经》里也有记载关于滑轮的论述。

古希腊人将滑轮归类为简单机械。大约在公元前330年，亚里士多德在其著作《机械问题》(*Mechanical Problems*)里的第十八个问题，专门研讨“复式滑轮”系统。阿基米德贡献出很多关于简单机械的知识，详细地解释了滑轮的运动学理论。据说阿基米德曾经独自使用复式滑轮拉动一艘装满了货物与乘客的大海船。公元1世纪，亚历山卓的希罗分析并且写出关于复式滑轮的理论，证明了负载与施力的比例等于承担负载的绳索段的数目，即“滑轮原理”。

如今，我们生活中也有很多地方用到了滑轮，滑轮在各个方面给我们的生活带来方便，如家里的升降晾衣架（图2-17）、帆船的扬帆与落帆（图2-18）、高层楼房里的电梯（图2-19）以及能吊起重物的起重机（图2-20）。使用滑轮，对于解决物体位置移动问题提供了重要帮助。

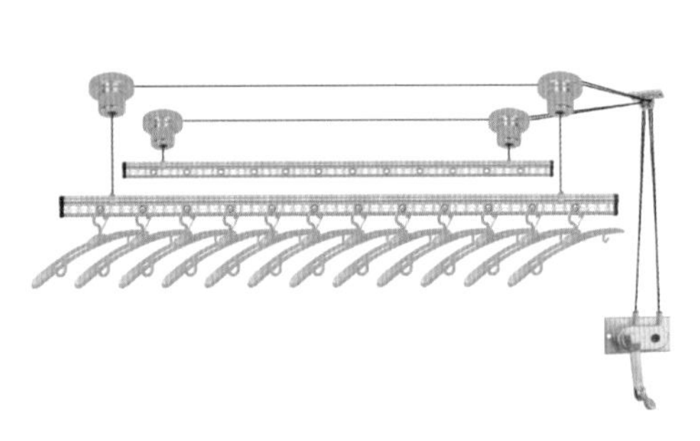

图2-17 升降晾衣架

图2-18 帆船的扬帆和落帆

图2-19 电梯

图2-20 起重机

2.2 简单结构思维导图

通过前文已经了解了 4 种基本的机械结构，应用这些结构的特点与优势，有助于针对性地实现很多功能需求。下面将对 4 种结构所涉及的知识与应用做一个清晰、完整的思维导图，如图 2-21 所示。

图 2-21 简单结构思维导图

2.3 典型案例实践

2.3.1 三角形稳定结构实践案例

1. 情境引入

支架结构随处可见。从大型设备来看，有高压线支架电塔（图 2-22）、屋顶钢架、太阳能板支架（图 2-23）等，从中小型用品来看，有晾衣架（图 2-24）、相机支架、储物架（图 2-25）等。这些形形色色的支架结构起到了稳定的支撑作用。那么究竟是哪种核心结构发挥着稳定支撑功能的呢？它就是三角形结构。

图 2-22 高压线支架电塔

图 2-23　太阳能板支架

图 2-24　晾衣架

图 2-25　储物架

2. 知识讲解

1）三角形结构

三角形是由同一平面内不在同一直线上的 3 条线段首尾顺次连接所组成的封闭图形（图 2-26）。三角形稳定性是指三角形有稳固、坚定、耐压的特点，如钢轨、三角形框架、起重机、三角形吊臂、屋顶、三角形钢架、钢架桥都以三角形形状建造。当三角形 3 条边的长度均确定时，三角形的面积、形状完全被确定，这个性质叫作三角形的稳定性。

在选用积木件的杆件或梁搭建三角形时，必须满足三角形三边长度的关系：任意两边之和大于第三边，任意两边之差小于第三边。由于积木件存在厚度，因此不能满足 3 条边都在同一个平面；而杆件又不能扭曲，所以需要在三角形第一条边和第三条边的连接处垫一个有一定厚度的积木件，利用三角形稳定性特点可以完成生活中的很多牢固不可变形的创意搭建案例，如跷跷板（图 2-27）、升旗杆（图 2-28）、海盗船的支架（图 2-29）、起重机的吊臂（图 2-30）。

图 2-26　三角形搭建模型

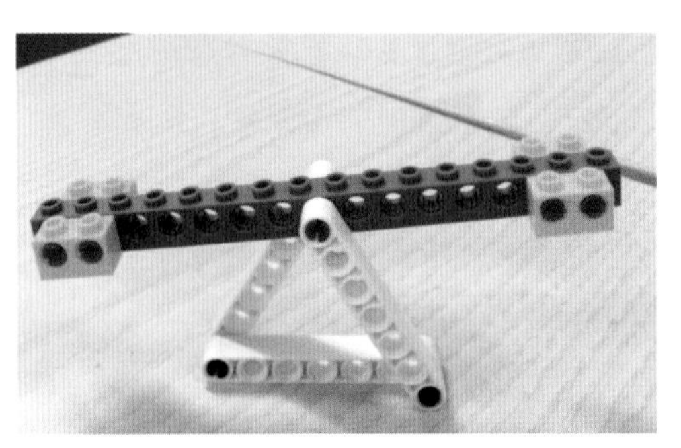

图 2-27　跷跷板

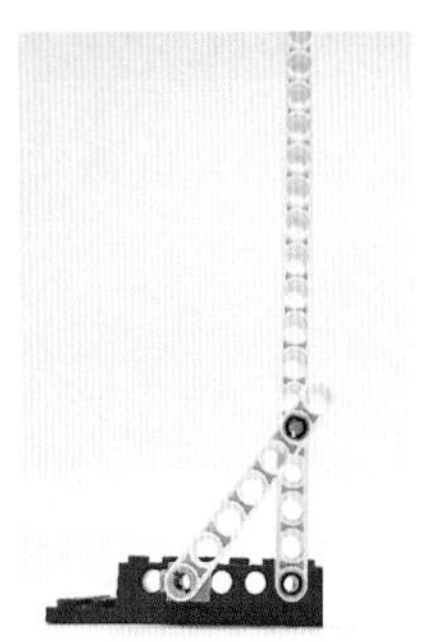

图 2-28　升旗杆

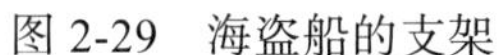

图 2-29　海盗船的支架

图 2-30　起重机的吊臂

2）互锁结构

图 2-31　互锁结构

互锁结构是积木搭建中常用的结构（图 2-31）。上层零件用部分重叠的方式连接在下层零件上，这时零件彼此间的作用力最强，结构也更加坚固，互锁结构简单来讲就是将搭建过程中的缝隙进行“填充”，像建筑工人砌墙一样。

3. 典型结构设计

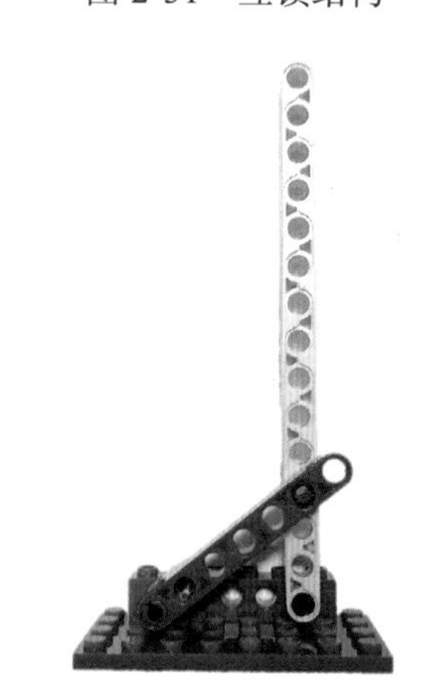

图 2-32　典型装置

经过上面的学习，可以总结出一个利用三角形稳定性进行搭建的典型结构装置（图 2-32），用来满足大多数需要实现杆的直立的创意作品的使用。

注意事项如下。

（1）搭建三角形时应使用一个单孔梁作为“垫片”，防止同一条边在两个平面内造成零件的扭曲。

（2）在利用三角形的稳定性进行典型结构的搭建时，应利用勾股定理，令长杆作为一条直角边。

（3）在计算直角三角形边长时，应数一数每条边的孔位，应该从每条边相交的孔位中心开始计算，每条边的两个相交点加在一起算作一个孔位，即每条边的总孔位数应该等于非相交点孔位数加 1。

4. 任务实践

任务名称：设计一个可调节手机支架。

设计要求：应用三角形的稳定性进行设计，并将手机支架设计成可调节的，即可调节支架背部与底部的角度。

设计思路：手机支架需要运用三角形的稳定性才能将手机固定，为了达到可调节的要求，背部所在的三角形中，需要有一条边的长度可变化，并且调整之后三角形仍然存在。

设计步骤如下。

第 1 步：底座框架。

选取适当的宽度，搭建出以梁为基础的底座框架。结构设计如图 2-33 所示。

手机支架

第 2 步：加装背部。

将支架的背部设计为可调整的，通过调整支撑梁的底部位置，达到调整支架角度的目的。结构设计如图 2-34 所示。

第 3 步：加固整体结构。

利用互锁结构加固底座和背部，使支架更加牢固。结构设计如图 2-35 所示。

图 2-33　底架框架

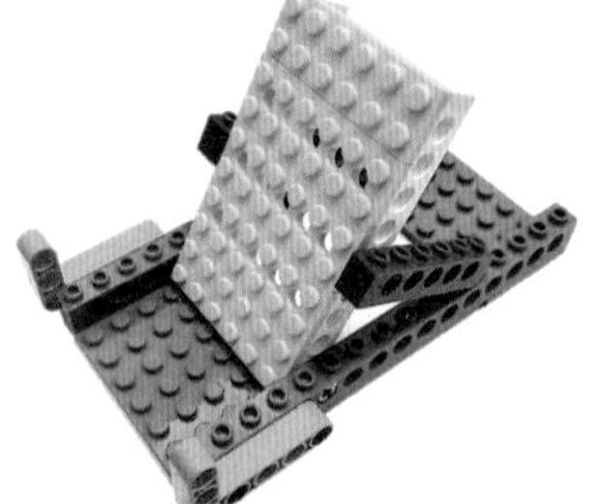

图 2-34　支架背部

图 2-35　整体结构

最终完成可以调节倾斜角度的手机支架。

注意事项如下。

（1）由于底座与背部两部分组装在一起时，需要先将底座拆分，所以底座的加固放在最后一步最合适。

（2）支撑梁与背部之间的连接应该用光滑销，这样可以依靠支撑梁的重力卡住底座。

2.3.2　四边形不稳定结构实践案例

1. 情境引入

随着人类文明的进步，人类生产生活对垂直运送有了更多的需求，如在屋顶部署太阳能电池板、在高处楼层安装空调等。我们经常能看到一种类似剪刀形状的剪叉式升降台，帮助人们把物品或人员升运到指定高度或送回地面。那么使升降台发挥功能的剪叉结构其工作原理是什么呢？其实，这种剪叉结构就是对四边形不稳定性的灵活运用，如图 2-36 所示。

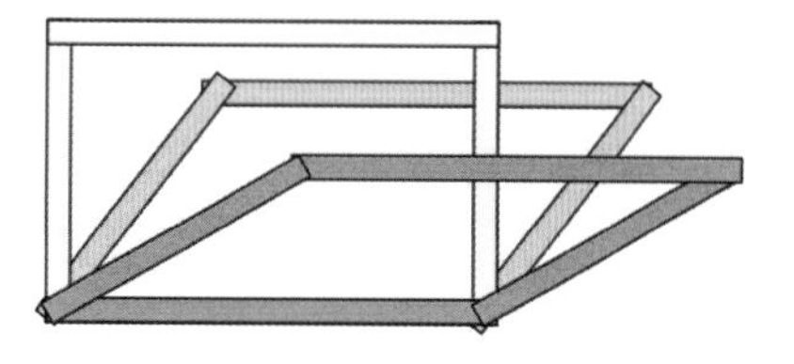
图 2-36　四边形的不稳定性

2. 知识讲解

由不在同一直线上的不交叉的 4 条线段依次首尾相接围成的封闭的平面图形或立体图形叫作四边形。四边形不具有三角形的稳定性，相邻边之间的夹角可以发生变化，这种角度变化带来形变。连续有序排列的四边形同时发生形变，可以产生致密或者疏松的结构形态。升降台和升降栏杆就是由于四边形的这种形变而发挥作用的，如图 2-37 和图 2-38 所示。

图 2-37　升降台

图 2-38　升降栏杆

可以利用四边形的不稳定性完成生活中的很多易变形的创意搭建案例，如多功能变形梯和升降台，如图 2-39 和图 2-40 所示。

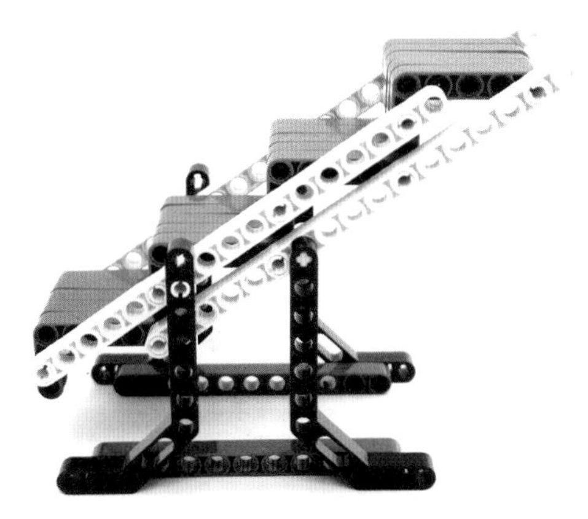
图 2-39　变形梯模型

图 2-40　升降台模型

3. 典型结构设计

经过上面的学习，可以总结出一个利用四边形不稳定性进行搭建的典型结构装置，用来满足大多数需要实现可变形的创意作品的使用，这个结构就是剪叉结构，如图 2-41 所示。

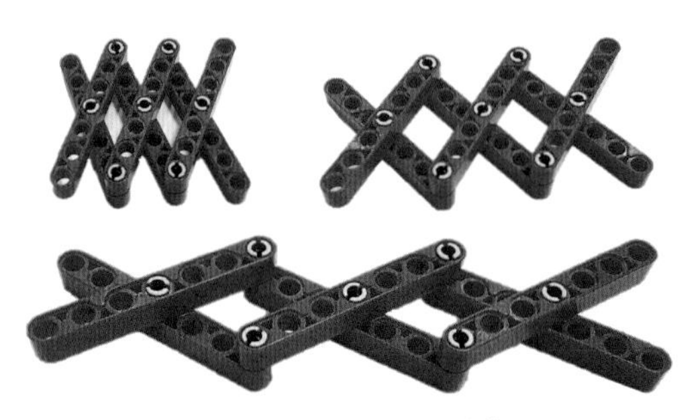

图 2-41　可变形四边形装置

注意事项如下。

（1）每两个相邻连接点之间的长度应该相等。

（2）每根杆的长度最好相等。

（3）连接处应该使用光滑销。

4. 任务实践

任务名称：设计一个升降台。

设计要求：模仿生活中的升降台，应用四边形的不稳定性搭建出一个可以上下伸缩的平台。

设计思路：整体结构模仿生活中的升降台，利用电机驱动。

设计步骤如下。

第 1 步：底部轨道。

伸缩台的底部运动轨迹是水平的，利用轴作为滑轨，限制运动方向，电机作为驱动装置。结构设计如图 2-42 和图 2-43 所示。

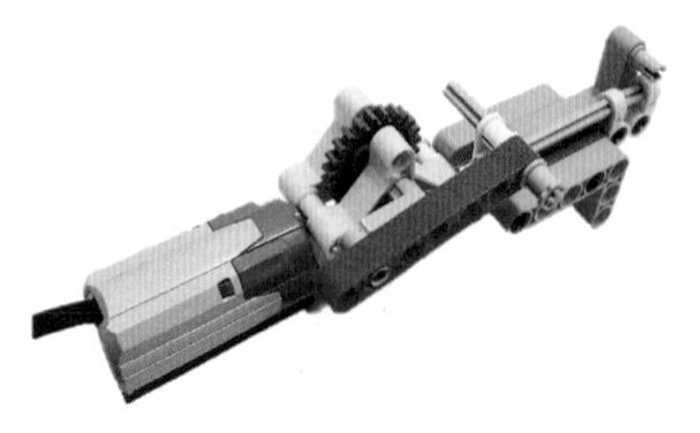

图 2-42　底部轨道一

图 2-43　底部轨道二

第 2 步：安装伸缩架。

利用四边形的不稳定性做出可变形的伸缩结构，并与底部轨道连接。结构设计如图 2-44 和图 2-45 所示。

图 2-44　安装伸缩架一

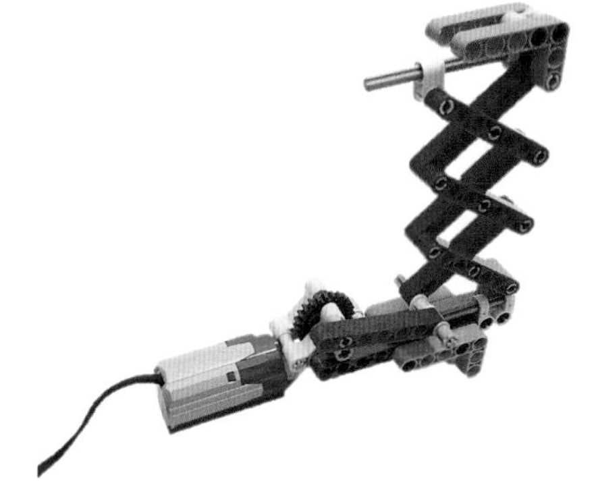

图 2-45　安装伸缩架二

升降机

第 3 步：加装底座。

用大块零件做出底座，用于固定电机和升降装置。结构设计如图 2-46 和图 2-47 所示。

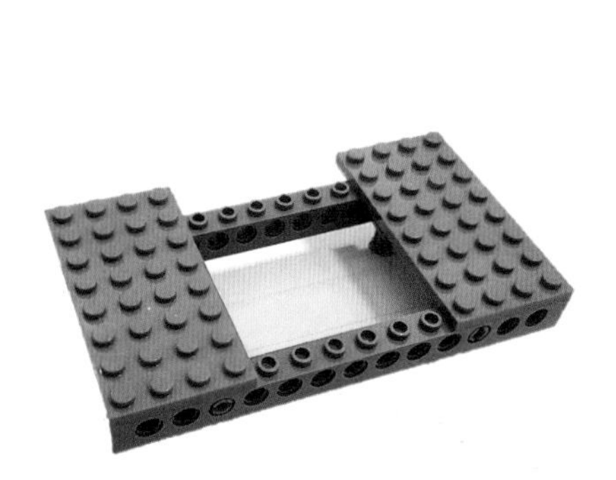

图 2-46　安装底座一

图 2-47　安装底座二

最终完成可以抬升重物的升降台。

注意事项如下。

（1）底座面积应尽量大，在抬升重物时才不易倾倒。

（2）伸缩架中零件间的连接大部分使用光滑销，保证改变形态时不会卡顿。

2.3.3　杠杆结构实践案例

1. 情境引入

在古代社会，虽然生产工具不如现代社会发达，但是人类运用自己的聪明才智也能解决很多艰巨的问题。愚公移山的故事我们耳熟能详，愚公以及其子孙凭借着坚强的意志和永不放弃的信念，终于移走了挡在门口的大山。如果你生活在那个工具匮乏的时代，家门口有巨石挡路，你会以怎样一种用力最小的方式移走这块巨石呢？古希腊哲学家阿基米德曾经给出过答案："给我一个支点，我能撬起整个地球"（图 2-48）。说法虽然夸张，但是其中蕴含的杠杆原理却可以帮助解决移走巨石这个问题。

2. 知识讲解

1）杠杆

杠杆是一种最简单的机械，也是很多复杂机械结构的基础。基本的杠杆通常是由某点支撑的梁，该点称为支点，以铰链的形式存在；施加在梁上的力称为动力（也可称为作用力），负载对梁产生的力称为阻力（也称为反作用力）；支点到梁末端的距离称为力臂，分为动力臂和阻力臂。

2）杠杆平衡

杠杆平衡是指杠杆在动力和阻力的相互作用下达到静止或者匀速转动的状态（图 2-49），满足的关系是

$$动力 \times 动力臂 = 阻力 \times 阻力臂$$

图 2-48 "给我一个支点，我能撬起整个地球"

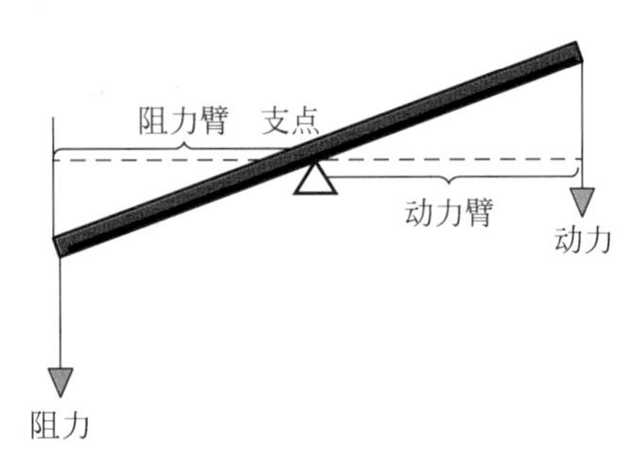

图 2-49 杠杆平衡原理

杠杆有以下 3 个级别。

（1）一类杠杆。支点位于杠杆的中间，负载和作用力在两端，这也是作用力和负载运动方向相反的唯一一种杠杆。

（2）二类杠杆。负载位于杠杆的中间，支点和作用力位于两端，如独轮车，轮子就是支点。

（3）三类杠杆。作用力位于杠杆的中间，负载和支点在两端，这类杠杆的机械增

益[1]小于1，它可以将力转换为距离，如起重机。

3. 典型结构设计

经过上面的学习，可以总结出一个利用杠杆原理进行搭建的典型结构装置，用来满足大多数利用杠杆原理搭建创意作品的使用，如图2-50所示。

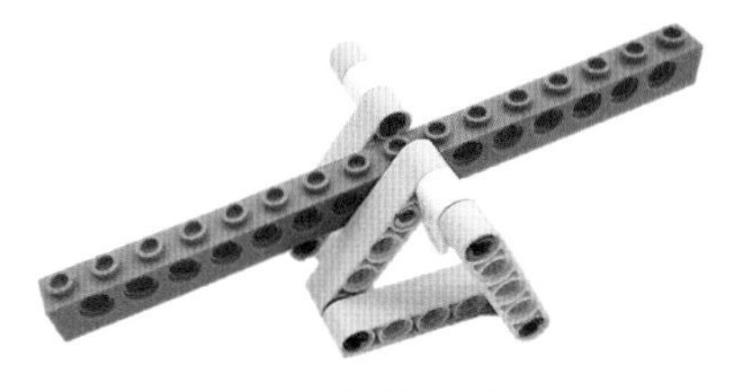

图2-50　典型杠杆装置

注意事项如下。

（1）在搭建跷跷板等需要独立支架的作品时，注意三角支架的搭建需要一个额外的零件用来补充厚度，防止一个零件在两个平面内。

（2）在搭建其他需要用到杠杆原理的作品时，只需要将杠杆固定在支点上，支点位置根据需要调整。

（3）支点处的连接要用光滑销，或者将轴插在销孔内。

4. 任务实践

任务名称：设计一个投石机。

设计要求：应用杠杆结构将古代利用弹力发射的投石机进行改造，搭建一个利用杠杆原理的投石机。

设计思路：整体结构模仿古代投石机，需要有投石臂、驱动部分以及放置“石头”的位置。

设计步骤如下。

第1步：整体支架。

搭建出整体支架，为后续搭建杠杆部分做准备。结构设计如图2-51所示。

图2-51　整体支架

投石机

① 机械增益是指机械中载荷与驱动力的比值，它表征机械增力的程度。

第 2 步：安装杠杆部分。

调节杠杆部分支点的位置，使驱动部分刚好能够利用杠杆结构将杠杆“弹”起来。结构设计如图 2-52 所示。

第 3 步：安装石块筐和电机。

用零件搭建出可以放置“石块”的位置，并在投石臂下方加装支架，放置投石臂使之触地。最后在驱动部分加装电机。结构设计如图 2-53 所示。

图 2-52　安装杠杆

图 2-53　安装石块筐和电机

最终完成可以抬升重物的升降台。

注意事项如下。

（1）搭建完成后，杠杆应该可以绕支点灵活旋转。

（2）杠杆和驱动部分可以上下调整，以改变投石臂的摆动幅度。

（3）每次投射时，最好将驱动部分转动到杠杆的下方。

2.3.4　滑轮传动实践案例

1. 情境引入

在实际生活中，经常遇到将某一物体从低处位置转移到高处位置的情况，如升国旗时将国旗升到旗杆顶部、盖房子时将物料从地面升到屋顶（图 2-54 和图 2-55）。直接借助人力搬运往往不现实，耗时耗力而且效率极低，因此充满智慧的人类就想出制造工具来解决这一难题。而滑轮在这种需求中就应运而生了。

2. 知识讲解

滑轮是一个周边有槽，能够绕轴转动的小轮。由可绕中心轴转动有沟槽的圆盘和跨过圆盘的柔索（绳、胶带、钢索、链条等）所组成的可以绕着中心轴旋转的简单机械叫作滑轮（图 2-56）。

图 2-54　升旗

图 2-55　搬运重物

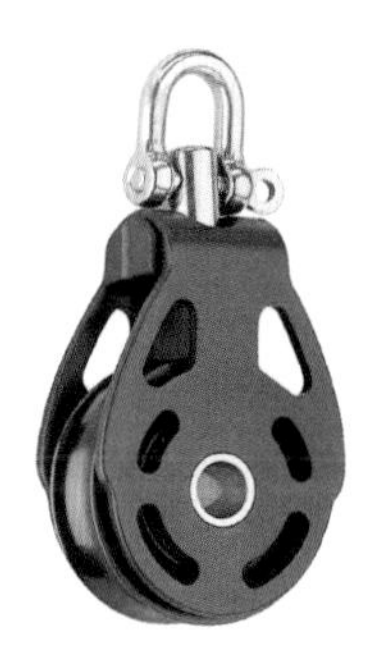

图 2-56　滑轮

单个滑轮可分为定滑轮与动滑轮。多个滑轮可组合形成滑轮组。

1）定滑轮

使用滑轮时，轴的位置固定不动的滑轮称为定滑轮。

定滑轮实质是等臂杠杆，不省力也不费力，但可以改变作用力方向（图 2-57）。杠杆的动力臂和阻力臂都是滑轮的半径，由于半径相等，所以动力臂等于阻力臂，杠杆既不省力也不费力。利用杠杆原理，用公式推导就是（F 是拉力，G 是物体的重力，l_1、l_2 为滑轮半径）

$$Fl_1 = Gl_2$$

特殊地，当 $l_1 = l_2$ 时，$F = G$。

可以利用定滑轮完成生活中的很多与传送相关的创意搭建案例（图 2-58 和图 2-59）。例如，升旗杆和可以提升重物的起重机，如图 2-60 和图 2-61 所示。

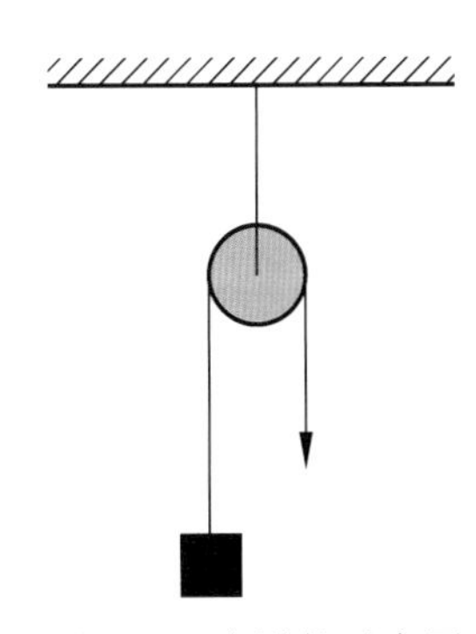

图 2-57　定滑轮示意图

图 2-58　定滑轮搭建

图 2-59　定滑轮应用

2）动滑轮

在使用过程中轴的位置随被拉物体一起运动的滑轮称为动滑轮（图 2-62）。动滑轮实质是动力臂等于 2 倍阻力臂的杠杆（省力杠杆）。动滑轮不能改变力的方向，但能够省力。

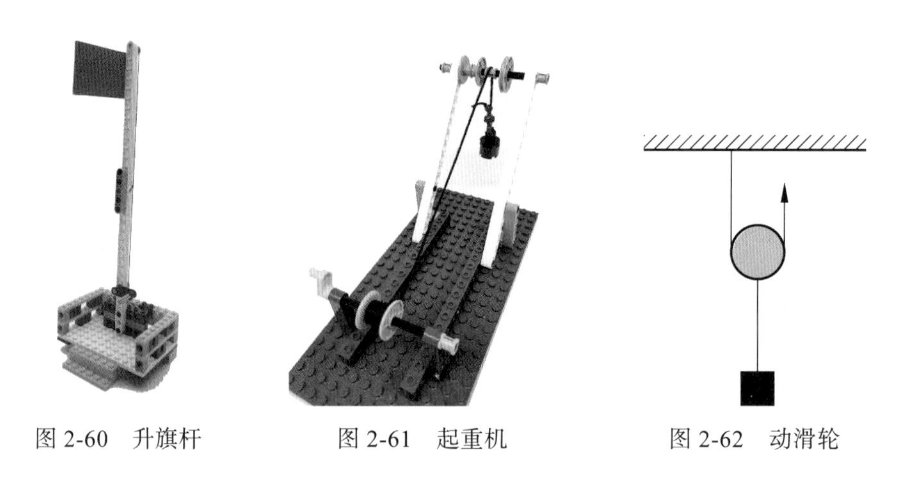

图 2-60 升旗杆 图 2-61 起重机 图 2-62 动滑轮

动滑轮省一半的力多费一倍距离，这是因为使用动滑轮时，钩码由两段绳子吊着，每段绳子只承担钩码重量的一半，而且不能改变力的方向。实质是一个动力臂（l_1）为阻力臂（l_2）2 倍的杠杆：F 是提升物体的动力，G 是物体的重力（也可理解为不用机械时提升物体用的力），于是有

$$Fl_1 = Gl_2 \rightarrow F = G \times \frac{l_2}{l_1} \rightarrow F = \frac{1}{2}G \qquad (l_1 : l_2 = 1 : 2)$$

注意：动滑轮省一半的力多费一倍距离，而且仅限于竖直向上用力时，用力倾斜的角度越大，用的力越多。使用动滑轮时滑轮的重量对用的力也有影响。不忽略滑轮重力且竖直向上用力时，于是有

$$F = \frac{G_{轮} + G_{物}}{2}$$

由于动滑轮具有省力的特点，生活中常用动滑轮来提升重物，如塔吊（图 2-63）。在搭建中，也有很多类似的作品，如图 2-64 中力大无穷的起重机等。

3）滑轮组

滑轮组是由多个动滑轮、定滑轮组装而成的一种简单机械，它使得机械装置既能省力又能改变方向（图 2-65）。滑轮组的省力程度由绳子股数决定，其机械效率则由被拉物体重力、动滑轮重力及摩擦力等决定（图 2-66）。

采用滑轮组可以对起重机的功能结构进行完善，如图 2-67 所示。

图 2-63　塔吊

图 2-64　起重机

图 2-65　滑轮组

图 2-66　滑轮组的应用

图 2-67　起重机

3. 典型结构设计

经过上面的学习，总结出一个可以改变传送方向的装置，用来满足大多数实现改变力方向功能的创意作品的使用，如图 2-68 至图 2-71 所示。

图 2-68　多种滑轮

图 2-69　定滑轮　图 2-70　动滑轮

图 2-71　滑轮组

注意事项如下。

（1）定滑轮和动滑轮所在轴应该可以灵活转动。

（2）穿过动滑轮的线应该有一端固定在轴上。

（3）在测试时，动滑轮下方应该加上重物，两个滑轮应在一个平面上，防止动滑轮倾斜。

4. 任务实践

任务名称：起重机。

设计要求：运用定滑轮和动滑轮组成滑轮组，尽可能使起重机轻松提起重物。

设计思路：定滑轮用来改变力的方向，动滑轮用来省力，中间用绳子连接，尽可能多用动滑轮，才能做到尽可能省力。

设计步骤如下。

第 1 步：搭建起重臂。

使用蜗轮箱和梁搭建起重臂，将线圈固定在起重臂顶端作为定滑轮。结构设计如图 2-72 和图 2-73 所示。

图 2-72　起重臂整体

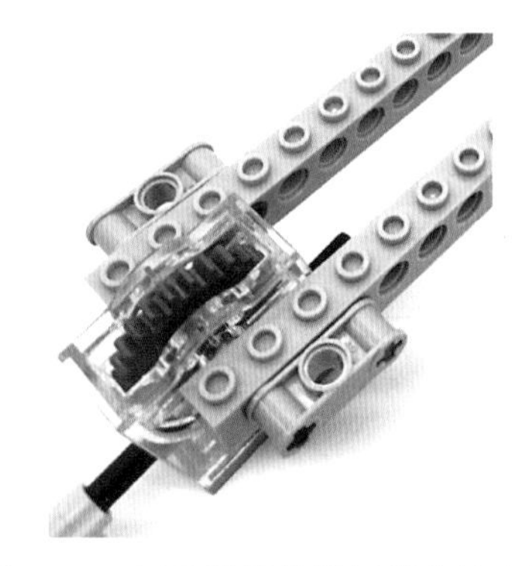

图 2-73　起重臂蜗轮蜗杆部分放大图

第 2 步：搭建起重机卷筒。

用另一个线圈作为卷筒，固定在起重臂上。结构设计如图 2-74 和图 2-75 所示。

起重机

图 2-74　起重机卷筒一

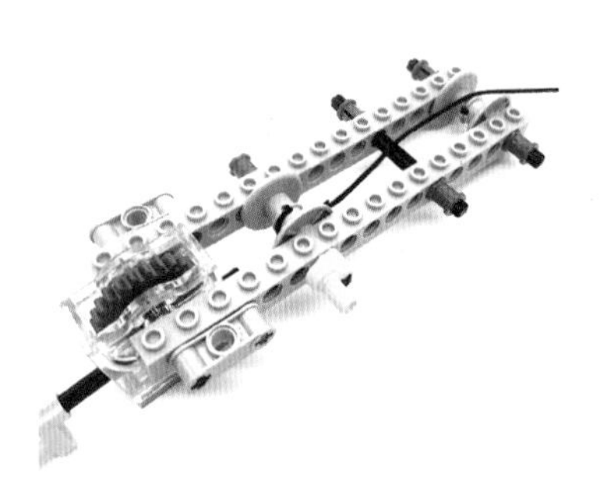

图 2-75　起重机卷筒二

第 3 步：安装吊钩。

绳子穿过吊钩，另一端系在吊臂上的另一根固定轴上，发挥动滑轮的作用。结构设计如图 2-76 和图 2-77 所示。

图 2-76 安装吊钩一

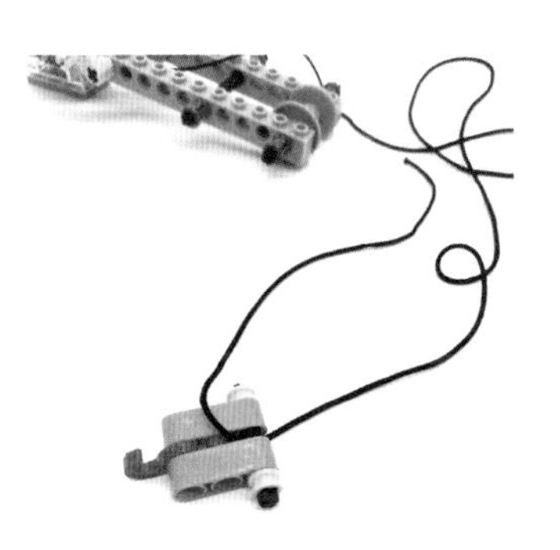

图 2-77 安装吊钩二

第 4 步：搭建支架。

搭建支架，将起重机放在高处，方便吊取重物。结构设计如图 2-78 和图 2-79 所示。

图 2-78 搭建支架一

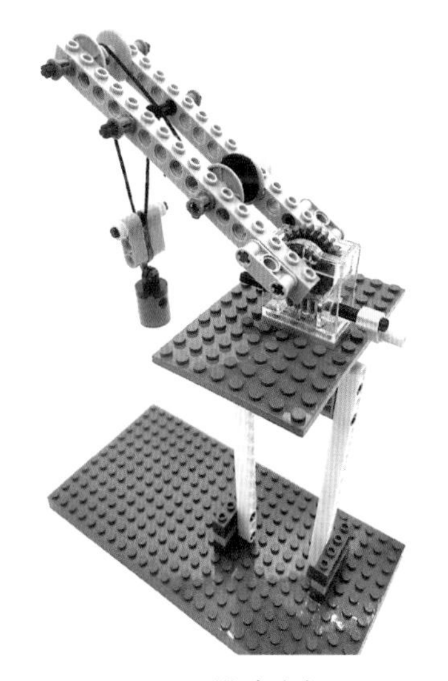

图 2-79 搭建支架二

最终完成可以提升重物的起重机。

注意事项如下。

（1）在搭建前应设计好起重臂上各个轴间的距离。

（2）定滑轮所在轴的轴套不宜过紧，要使轴能够轻松转动。

（3）在搭建底座支架时，应注意起重臂下需留有“空白地”，做到整体结构的美观。

2.4 自主任务

请围绕“简单结构”这一主题，参考以上提供的4个活动案例（并不局限于这些案例），采用工程设计模式完成一份作品设计的方案。

第一步 明确问题	（通过明确问题，清楚而准确地描述设计工作的目标，并识别出所有的制约因素与标准）
第二步 资料收集	（围绕第一步提出的问题，收集相关资料，形成设计观点，并对设计观点进行批判性分析）
第三步 方案设计	作品名称： 作品的功能或用途： 设计草图：
第四步 选择方案	（你觉得你的模型方案能实现吗？请分析所选方案的可行性）
第五步 构建原型	（搭建模型，并记录搭建所用的时间以及搭建遇到的问题）

续表

第六步 测试修改	（测试初步完成的模型，并针对发现的问题进行修改）
第七步 分享总结	（你的作品是否实现了预期的功能？请参考评价标准评价自己的作品，与同伴分享你的作品）

2.5　活动反思

（1）思考你所完成的作品中使用了哪些简单结构？是否实现了预定的功能？

（2）思考本章主题可以与哪些中小学课程建立联系？可以通过什么方式实现联系？

（3）在本章的学习中你遇到了哪些问题？通过哪些途径加以解决呢？

CHAPTER 3

第3章 常见传动

3.1 机械传动科技历史与现状

机械传动在机械工程中应用非常广泛，主要是指利用机械方式传递动力和运动。机械传动是利用构件和机构把运动和动力从机器的一部分传递到另一部分的中间环节。其主要分为两类传动形式：一是靠机件间的摩擦力传递动力的摩擦传动，如带传动；二是靠主动件与从动件啮合或借助中间件啮合传递动力或运动的啮合传动，如齿轮传动、蜗杆传动。

人们使用不同的机械传动结构将动力所提供的运动方式、方向及速度加以改变，如把高速运动变为低速运动、把连续运动变成间歇运动、把圆周运动变为直线运动、把小转矩变为大转矩等，从而使其可以被有效利用到生产生活中。

中国古代传动机构类型很多，应用很广，机械传动的使用也反映了当时的社会生产发展水平。地动仪、鼓风机等都是机械传动机构的产物（图 3-1 和图 3-2）。中国古代传动机构主要分为齿轮传动和链传动。

图 3-1　地动仪

图 3-2　鼓风机

3.1.1 齿轮传动科技历史与现状

齿轮是组成机械的基础件，齿轮传动是传动应用最重要也是使用最为广泛的一种传动方式。从西汉初年至元末明初，古人对齿轮传动的研究与应用就达到了很高的水平，并发明了一系列高度精密、复杂的古代机械[13, 14]。指南车（图 3-3）、记里鼓车（图 3-4）以及东汉张衡发明的水力天文仪器上，都使用了相当复杂的齿轮传动系统。这些齿轮只用来传递运动，对强度要求不高。

图 3-3　指南车

图 3-4　记里鼓车

在指南车中，除了两个沿地面滚动的车轮外，还有大小不同的 7 个齿轮。《宋史·舆服志》中记载了这些齿轮的直径、圆周、齿距与齿数等。齿轮传动系统和离合装置的应用体现了我国古代机械技术的卓越成就。

记里鼓车则是利用车轮运动带动大小不同的一组齿轮，使车轮走满一里时，其中一个齿轮刚好转动一圈，该轮轴拨动车上木人打鼓或击钟，报告行程。记里鼓车使用了减速齿轮系，也体现了古人对利用齿轮进行运动计算的能力。

3.1.2　链传动科技历史与现状

水翻车是我国古代最著名的农业灌溉机械之一，可以被视为最早的链传动机构。根据《后汉书》记载，水翻车由东汉时期毕岚发明，三国时期马钧加以完善。水翻车分为上链轮和下链轮，使用木质龙骨叶板作为传动链条。下链轮和龙骨的一部分放入水中，使用人力、畜力、水力、风力驱动动力后，龙骨叶板一边带动水翻车转动，一边把较低水位的水提上来。该装置常用于农业灌溉，如图 3-5 所示。

到了宋代，苏颂制造的水运仪象台上出现了一种“天梯”，实际上是一种铁链条，下横轴通过“天梯”带动上横轴，从而形成了真正的链传动，如图 3-6 所示。

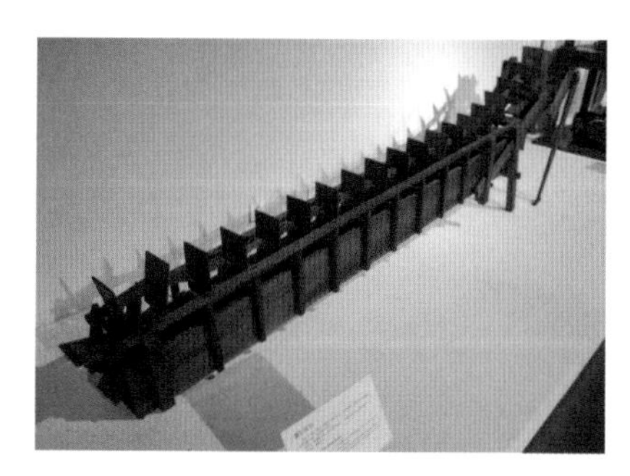

图 3-5　水翻车

图 3-6　水运仪象台

3.1.3 现代机械传动方式

现代机械传动方式主要包括带传动、链传动、齿轮传动、蜗杆传动、螺旋传动、齿轮齿条传动以及其他传动机构，如平面连杆机构、凸轮机构等。其中，链传动、齿轮传动、齿轮齿条传动等常见传动将在本章进行详细讲解。由于连杆机构在积木搭建中具有极其深入和广泛的应用，因此将连杆机构另列一章讲解。

带传动由一根或几根皮带紧套在两个轮子（称为“带轮”）上组成，两轮分别装在主动轴和从动轴上，利用皮带与两轮间的摩擦传递运动和动力。带传动具有结构简单、维护方便、运转平稳等特点，不过结构紧凑性差，传动比不准确，传动效率和耐久性低。

蜗杆传动由蜗杆和蜗轮组成，一般蜗杆为主动件。蜗杆和螺纹一样有右旋和左旋之分，分别称为右旋蜗杆和左旋蜗杆。蜗杆传动装置具有传动比大、结构紧凑、传动过程平稳、无噪声、有自锁性等优点。但蜗杆传动的传动效率低，一般认为蜗杆传动效率比齿轮传动效率低，其缺点是发热量大，齿面容易磨损，成本高。

螺旋传动是靠螺旋与螺纹牙面旋合实现回转运动与直线运动转换的机械传动。螺旋传动按其在机械中的作用，可分为传力螺旋传动、传导螺旋传动、调整螺旋传动。传力螺旋传动以传递力为主，可用较小的转矩转动产生轴向运动和大的轴向力，如螺旋压力机和螺旋千斤顶等。一般在低转速下工作，每次工作时间短或间歇工作；传导螺旋传动以传递运动为主，常用作实现机床中刀具和工作台的直线进给。通常工作速度较高，在较长时间内连续工作，要求具有较高的传动精度；调整螺旋传动用于调整或固定零件（或部件）之间的相对位置，如带传动调整中心距的张紧螺旋，一般不经常转动。

凸轮机构是由凸轮、从动件和机架 3 个基本构件组成的高副机构。凸轮是一个具有曲线轮廓或凹槽的构件，一般为主动件，做等速回转运动或往复直线运动。当凸轮机构用于传动机构时，可以产生复杂的运动规律，包括变速范围较大的非等速运动以及暂时停留或各种步进运动；凸轮机构也适于用作导引机构，使工作部件产生复杂的轨迹或平面运动；当凸轮机构用作控制机构时，可以控制执行机构的自动工作循环。因此，凸轮机构的设计和制造方法对现代制造业具有重要的意义。凸轮机构广泛地应用于轻工、纺织、食品、交通运输、机械传动等领域。

3.2　常见传动思维导图

积木搭建中常见传动方式包括连杆传动、齿轮传动、链条传动、棘轮机构及齿条齿轮传动（图 3-7）。其原理主要是依赖齿轮通过与其他齿状机械零件（如另一齿轮、齿条、蜗杆）传动，可实现改变转速与扭矩、改变运动方向和改变运动形式等功能。由于传动效率高、传动比准确、功率范围大等优点，齿轮机构在工业产品中广泛应用，其设计与制造水平直接影响到工业产品的品质。

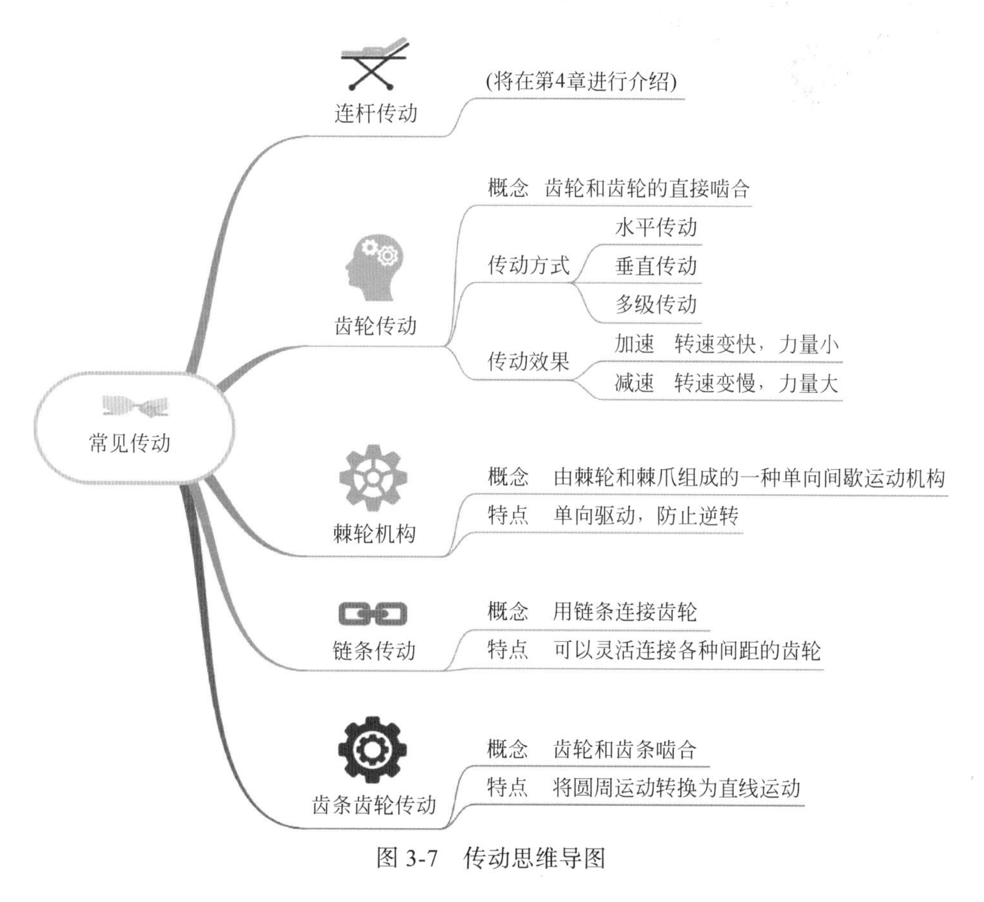

图 3-7　传动思维导图

3.3　典型案例实践

3.3.1　齿轮传动实践案例

1. 情境引入

指针钟表（图 3-8）上的时、分、秒 3 个指针是如何实现秒针转一圈，分针走一个小格（一分钟）；分针转一圈，时针转一个大格（一小时）这样如此精确的运动来显示时间的呢？为什么水平摇动着打蛋器的手柄（图 3-9），却能引起搅拌棒垂直方向的转动呢？

图 3-8　手表

图 3-9　手摇打蛋器

要回答上述装置的运动问题，就不得不提到一个关键的机械结构——齿轮传动。如果仔细观察，会发现生活中的很多地方都存在着齿轮传动，而这种精巧的机械运动方式确实激发了人类无限的想象力和创造力，方便了人们的日常生活和生产实践。

2. 知识讲解

1）齿轮传动

齿轮传动是动力传动的一种形式，是利用两齿轮的轮齿相互啮合传递动力和运动的机械传动，轮齿是齿轮直接参与工作的部分。

齿轮传动原理很简单，即一对相同模数（齿的形体）的齿轮相互啮合将动力由甲轴传送（递）给乙轴，最终完成动力传递，如图 3-10 所示。

图 3-10　齿轮传动

齿轮传动按照空间两转动轴间的相对位置不同，可以分为平行轴齿轮传动、相交轴齿轮传动和交错轴齿轮传动。

平行轴齿轮传动机构：两齿轮的传动轴线平行，如结构搭建中的水平传动。

相交轴齿轮传动机构：两齿轮的传动轴线相交于一点，如结构搭建中的垂直传动。

交错轴齿轮传动机构：两齿轮的传动轴线为空间中任意交错位置，如蜗轮蜗杆传动。

齿轮传动的优点：传递动力大，效率高；可以保持恒定的传动比，传递运动比较准确，传动平稳；能传递任意夹角两轴间的运动。

齿轮传动的不足：制造及安装精度要求高；不适于中心距较大的两轴间传动。

齿轮传动有两种主要的传动方式，即水平传动、垂直传动。

（1）水平传动

水平传动一般是指主动轴和从动轴轴线相互平行的传动，如图 3-11 所示。

图 3-11　水平传动

可以利用水平传动完成生活中的很多与传动相关的创意搭建案例。图 3-12 至图 3-15 所示为可以快速旋转的打蛋器、可以向前行动的机械马、电动的抽奖转盘和野餐必备的极速烧烤架。

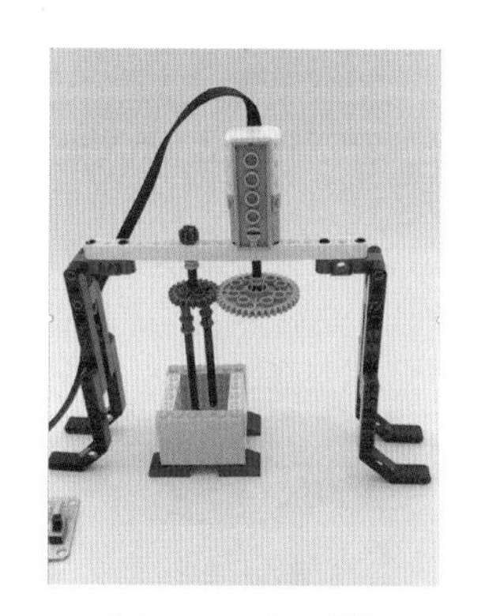

图 3-12　打蛋器

图 3-13　机械马

图 3-14　抽奖转盘

图 3-15　极速烧烤架

（2）垂直传动

垂直传动可以选择不同类型的齿轮组合。垂直传动中较多使用斜面齿轮，由于斜面齿轮的特殊结构，使它可以和其他齿轮进行紧密咬合，如斜面齿轮和冠齿轮组合、斜面齿轮和圆柱齿轮组合、斜面齿轮和斜面齿轮组合。此外，还可以使用冠齿轮和圆柱齿轮进行组合。从咬合的紧密程度来说，斜面齿轮和斜面齿轮组合 > 冠齿轮和圆柱

齿轮 > 斜面齿轮和冠齿轮组合 > 斜面齿轮和圆柱齿轮组合，但因其组合尺寸不同，因此要根据具体应用场景选择合适的齿轮组合，如图 3-16 至图 3-18 所示。

图 3-16　斜面齿轮（左）和冠齿轮（右）

图 3-17　圆柱齿轮（左）和斜面齿轮（右）

图 3-18　圆柱齿轮（左）和冠齿轮（右）

利用垂直传动，也可以搭建很多有趣的游戏作品。图 3-19 至图 3-22 所示为魔术鸟笼、旋转秋千、摇头风扇、竞速小车等。

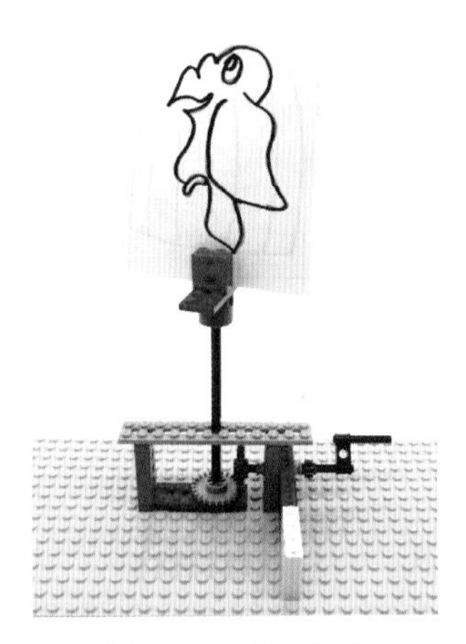

图 3-19　魔术鸟笼

图 3-20　旋转秋千

图 3-21　摇头风扇

图 3-22　竞速小车

2）传动比

传动比是指在机械传动系统中，其始端主动轮与末端从动轮的角速度或转速的比值，也叫转速比。传动比的计算可以使用以下两种形式，即

传动比（i）= 主动轮转速（n_1）/ 从动轮转速（n_2）

传动比（i）= 从动齿轮齿数（z_2）/ 主动齿轮齿数（z_1）

对于同一组齿轮组合，两种计算方式虽有不同，但结果值一致。

如图 3-23 所示，大齿轮的齿数是 24，小齿轮的齿数是 12，大齿轮作为主动轮，则传动比为 12：24=0.5。

图 3-23　24 齿齿轮与 12 齿齿轮

齿轮传动比用来表征经过传动后转速变化。传动比越大，速度越低，牵引力越大；传动比越小，速度越快，牵引力越小。

为了获得更大或更小的传动比，可以进行齿轮的复杂组合，也就是齿轮的多级传动。如图 3-24 所示，为了增大风扇的转速，可使用多级的水平传动实现。

图 3-24　旋转风扇

对于多级齿轮传动：①每两轴之间的传动比按照上面的公式计算；②从第 1 轴到第 n 轴的总传动比等于各级传动比之积。[15]

经计算，图 3-24 所示旋转风扇传动比为（24/40）×（24/40）=0.36。同样，为了使得小车可以获得更强的动力（$F=P/v$），在电机功率 P 不变的情况下，需降低其速度 v，使其获得更大的力 F。因此，采用多级减速传动，图 3-25 所示的爬坡小车的传动比为（24/8）×（20/12）=5。

图 3-25　爬坡小车

3）蜗轮传动

蜗轮蜗杆机构常用来传递两交错轴之间的运动和动力。蜗轮与蜗杆在其中间平面内相当于齿轮与齿条，蜗杆又与螺杆形状相似。蜗轮蜗杆两轴线间的夹角可为任意值，常用的为 90°。

其具有以下特点。

（1）因为其结构比交错轴斜齿轮机构紧凑，所以可实现空间交错轴间的很大传动比。

（2）蜗杆传动相当于螺旋传动，为多齿啮合传动，故传动平稳、噪声很小。

（3）具有自锁性。具有反向自锁的机构只能由蜗杆带动蜗轮，而蜗轮不能带动蜗杆，故它常用于起重机械或其他需要自锁的场合。

（4）传动效率较低，磨损较严重。

（5）蜗杆轴向力较大，致使轴承摩擦损失较大。

蜗轮蜗杆机构常被用于两轴交错、传动比大、传动功率不大或间歇工作的场合。其中蜗轮蜗杆减速机是一种动力传送机构，利用齿轮的速度转换器，将电机的回转数减速到所要的回转数，并得到较大转矩的机构，如图 3-26 所示。在用于传递动力与运动的机构中，减速机的应用范围相当广泛。

采用蜗轮装置可以完成图 3-27 至图 3-30 所示的创意设计，其主要采用自制蜗轮箱或标准蜗轮箱装置完成。

图 3-26　蜗轮蜗杆减速机

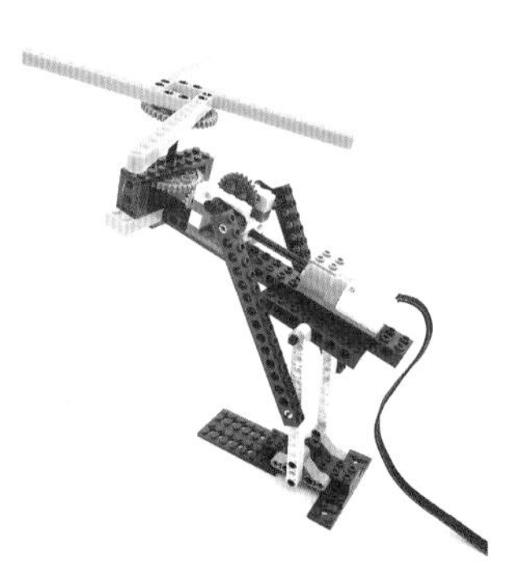

图 3-27　极速风车

图 3-28　可调躺椅

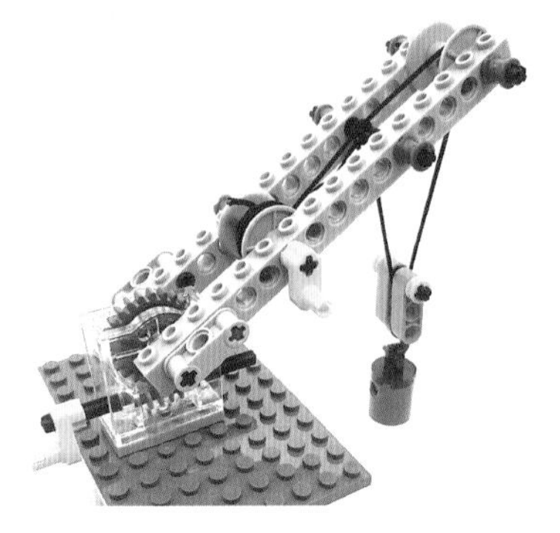

图 3-29　起重臂

图 3-30　爬坡小车

3. 典型结构设计

图 3-31　360° 旋转装置

经过上面的学习，可以总结出 360° 旋转装置的常用典型结构，用来满足大多数实现旋转功能的创意作品的使用。通用旋转装置如图 3-31 所示，可应用于 360° 垂直动力爬坡车。

注意事项如下。

（1）如果竖直轴上的齿轮高度不足以与另一齿轮啮合，可以使用半轴套或者轴套垫高。

（2）在竖直轴上使用轴套时，应注意轴套的正反方向。

（3）为了使装置更稳定，竖直轴下方应垫有带孔的板，用来限制齿轮以下部分轴的移动。

4. 任务实践

1）任务 1　陀螺发射器

任务名称：陀螺发射器。

设计要求：综合应用水平、垂直、多级传动，设计发射陀螺装置，尽可能使陀螺转速更快。

设计思路：将轮胎与地面的摩擦作为动力，通过垂直传动把力传递给竖直方向上的轴，再通过水平多级传动增加转速，将力传递给陀螺，使脱离发射器的陀螺飞快地转起来。

设计步骤如下。

第 1 步：搭建驱动部分。

通过齿轮的垂直传动，将垂直方向上的动力转换为水平方向上的动力。结构设计如图 3-32 所示。

第 2 步：动力传输部分。

通过齿轮的多级传动，增强水平方向上的动力，使陀螺有更大的初速度。结构设计如图 3-33 和图 3-34 所示。

第 3 步：加固整体结构。

安装手托部分，让陀螺发射器使用起来更顺手。结构设计如图 3-35 所示。

最终完成可以实现快速发射陀螺的发射器。

图 3-32 垂直驱动部分

图 3-33 动力传输部分一

陀螺

图 3-34 动力传输部分二

图 3-35 整体结构加固

注意事项如下。

（1）由于作品结构比较紧凑，在搭建过程中需要把握好搭建顺序，活动开展之前应该充分熟悉搭建过程，比如在第 1 步中，应该先安装 8 齿圆柱齿轮，再安装冠齿轮；否则会出现不方便安装的情况。

（2）由于本次搭建任务用到的齿轮较多，应该注意各部分的固定是否牢固；否则在传动过程中容易出现松动的情况。

（3）第 3 步中，手托部分的高度需要稍做调整，使头部的轮胎受力并且陀螺不受力，才能在加速过程中不卡顿。

2）任务 2 爬坡小车

任务名称：爬坡小车。

设计要求：应用蜗轮箱设计一个动力很足的小车，可以爬上斜坡。

设计思路：利用蜗轮蜗杆传动将电机的动力传递给小车的轮子，由于蜗轮箱与小车轴承之间的距离较大，中间可以用链条连接。

设计步骤如下。

第 1 步：搭建车架。

搭建一个牢固的车架，中间留出放电机和蜗轮箱的位置。结构设计如图 3-36 所示。

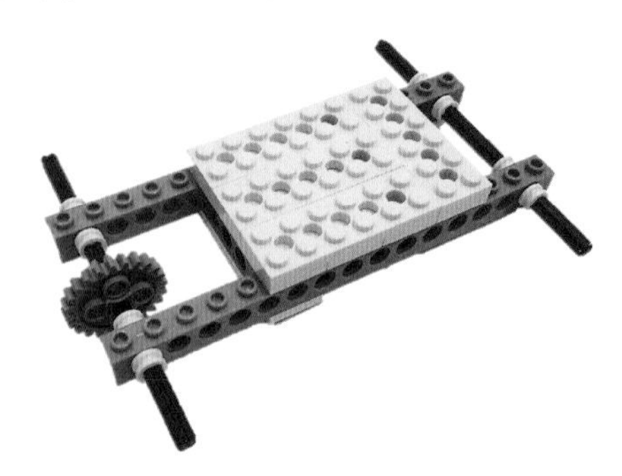

图 3-36 搭建车架

第 2 步：安装电机和蜗轮箱。

将电机和蜗轮箱固定在车上，蜗轮箱上加装齿轮，用于与轴上的齿轮连接。结构设计如图 3-37 所示。

第 3 步：加装链条。

用链条连接蜗轮箱和轴上的齿轮，将电机的动力传递给车轮。最终完成能爬上一定角度斜坡的爬坡车。结构设计如图 3-38 所示。

图 3-37　安装电机与蜗轮箱

图 3-38　安装链条

注意事项如下。

（1）链条的松紧程度要适当，过紧会扣不上，过松会在小车爬坡时出现链条和齿轮的咬合打滑，因此蜗轮箱与另一齿轮的相对位置要找准，可以通过垫高蜗轮箱和电机来调整链条的松紧度。

（2）由于链条的连接要求两个齿轮在同一平面，因此在最后一步加装链条时应注意调整齿轮的位置，使其保持在同一水平面，防止链条倾斜。

3.3.2　棘轮机构实践案例

1. 情境引入

正如我们希望生活可以一路向前，有松有弛，不至于快速单向运动容易失控一样，一些机器也是有生命的，希望能在有控制的情况下工作、休息，做间歇性的运动，却也不影响工作效率。骑自行车时，顺时针蹬的时候车轮可以前进，而逆时针蹬的时候却不能后退，从而自由掌握自行车的行与止（图 3-39）。当使用一种扳手时，只

图 3-39　自行车

有朝一个方向时才会有效（图 3-40）。另外，在工业生产中也经常看到一种停止器，可以在提升作业中防止机器的逆转和失控。那么，究竟是什么机构决定了以上运动行为呢？它其实就是一种叫作棘轮的机构。

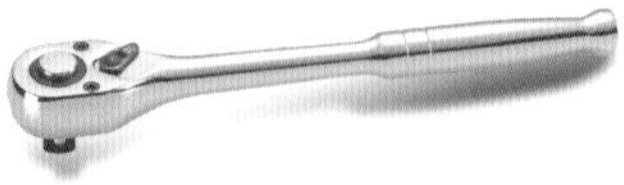

图 3-40 棘轮扳手

图 3-41 棘轮机构中的棘轮

2. 知识讲解

1）棘轮

棘轮是一种外缘或内缘上具有刚性齿形表面或摩擦表面的齿轮，是组成棘轮机构的重要构件（图 3-41）。由棘爪推动做步进运动，这种啮合运动的特点是棘轮只能向一个方向旋转，但是不能倒转。

2）棘轮机构

棘轮机构是由棘轮和棘爪组成的一种单向间歇运动机构。棘轮机构常用在各种机床和自动机中间歇进给或回转工作台的转位上，也常用在千斤顶上。在自行车中棘轮机构用于单向驱动，在手动绞车中棘轮机构常用于防止逆转。棘轮机构工作时常伴有噪声和振动，因此它的工作频率不能过高。

可以利用棘轮机构完成生活中的很多与传送相关的创意搭建案例（图 3-42），如可以蠕动的毛毛虫和防止倒转的棘轮绞盘等，如图 3-43 至图 3-46 所示。

图 3-42 棘轮机构搭建

图 3-43 棘轮机构应用

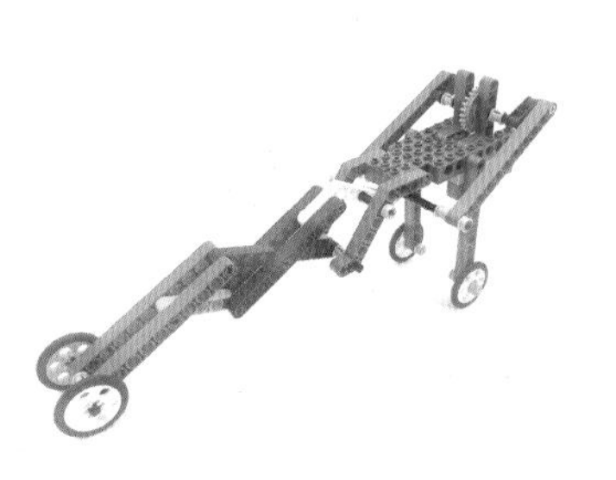

图 3-44 棘轮毛毛虫

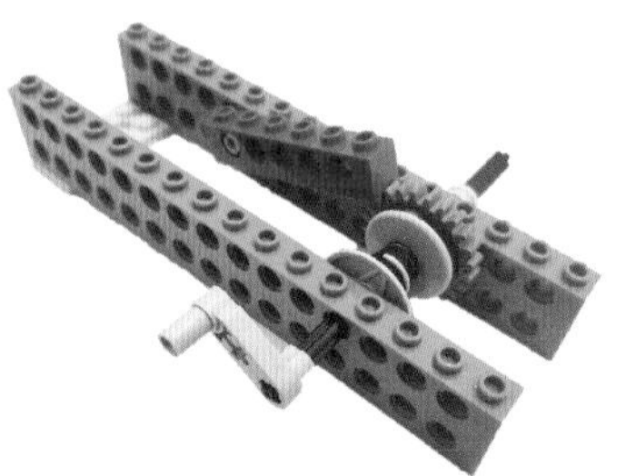

图 3-45 棘轮绞盘

图 3-46 棘轮起重机

3. 典型结构设计

通过上面的学习，可以总结出多种不同零件搭建出的棘轮机构装置，用来实现不可逆转功能的创意作品，如图 3-47 和图 3-48 所示。

图 3-47 不同零件搭建出的棘轮机构

图 3-48 应用棘轮机构的单向车轮

注意事项如下。

（1）棘轮与棘爪固定时，由于二者皆可旋转，因此须使用光滑销或者轴来固定。

（2）具体棘轮与棘爪的固定位置需要根据作品进行随机调整。棘爪的位置可以在棘轮的上方或者下方。

（3）棘爪依靠重力与棘轮贴合。

4. 任务实践

任务名称：棘轮毛毛虫。

设计要求：利用棘轮机构防止齿轮逆转的特点，结合曲柄机构搭建一个可以向前蠕动的装置。

设计思路：作品本身至少需要两部分，利用曲柄机构中摇杆的往复运动，加上棘轮机构的不可逆转性，就可以设计一个向前蠕动的毛毛虫。

设计步骤如下。

第 1 步：搭建一部分身体。

将连接器和齿轮结合搭建出棘轮机构。利用蜗轮蜗杆驱动将电机的动力最大化。蜗轮两侧装上曲柄部分，用于与另一部分身体连接。结构设计如图 3-49 和图 3-50 所示。

第 2 步：搭建另一部分身体。

再次利用连接器和齿轮搭建出棘轮机构结构，设计如图 3-51 至图 3-53 所示。

毛毛虫

图 3-49　搭建身体一

图 3-50　搭建身体二

图 3-51　搭建身体三

图 3-52　搭建身体四

图 3-53　搭建身体五

第 3 步：组装。

将两部分身体组装在一起，形成一个两段式的结构。用杆连接曲柄与另一部分身体，为两部分身体蠕动提供动力。结构设计如图 3-54 至图 3-56 所示。

最终完成可以向前蠕动的毛毛虫，如图 3-57 所示。

图 3-54　组装一

图 3-55　组装二

图 3-56　组装三

图 3-57　可以蠕动的毛毛虫

注意事项如下。

（1）由于作品结构简单，在搭建身体过程中，应注意两部分身体的宽度相对应，为最后两部分的连接做准备。

（2）棘轮机构中的杆不宜过长，否则会触地而影响装置行走。另一侧不宜过短，否则重力不足，不能够让连接器与齿轮紧密接触。

3.3.3 链条传动实践案例

1. 情境引入

自行车的发明简直是人类出行方式发展史上的福音，骑自行车不仅有效缩短了远途出行的时间，而且人体作为动力装置，还是很好的休闲放松的运动方式（图 3-58）。那么，为什么人踩在脚踏板上发力转动就能引起自行车车轮的转动呢？而更加高级的山地车还可以实现车轮的变速运动（图 3-59）。理解以上问题的关键就在于认识一种神奇的传动结构——链条传动。

图 3-58 普通自行车链条

图 3-59 山地自行车

2. 知识讲解

链传动是通过链条将具有特殊齿形的主动链轮的运动和动力传递到具有特殊齿形的从动链轮的一种传动方式。

链传动有许多优点，无弹性滑动和打滑现象，平均传动比准确，工作可靠，效率高；链条不需要太大的张紧力，对轴压力较小。传递功率大，过载能力强，相同工况下的传动尺寸小；能在高温、潮湿、多尘、有污染等恶劣环境中工作。

链传动的缺点：仅能用于两平行轴间的传动；易磨损，易伸长，传动平稳性差，运转时会产生附加动载荷、振动、冲击和噪声。不宜用在急速反向的传动中。

链传动常用于需要连接两个相距一定距离齿轮的装置，如图 3-60 和图 3-61 所示。

利用链传动可以完成生活中很多与传动相关的创意搭建案例。图 3-62 至图 3-65 所示为模仿坦克做的越野链条小车、带有链条的自行车等。

图 3-60　链传动一

图 3-61　链传动二

图 3-62　链条小车

图 3-63　自行车

图 3-64　流水线

图 3-65　滑翔机

3. 典型结构设计

通过上面的学习，可以总结出一个利用链条状零件连接两个或多个齿轮的常用典型结构装置，用来满足大多数实现远距离动力传输功能的创意作品的使用。

图 3-66 所示为典型链传动装置。

注意事项如下。

（1）链状零件所连接的齿轮必须在同一平面上。

（2）链条松紧程度应适中，如果调节链条长度无法达到松紧适度的效果，可以尝试稍微调整齿轮的位置。

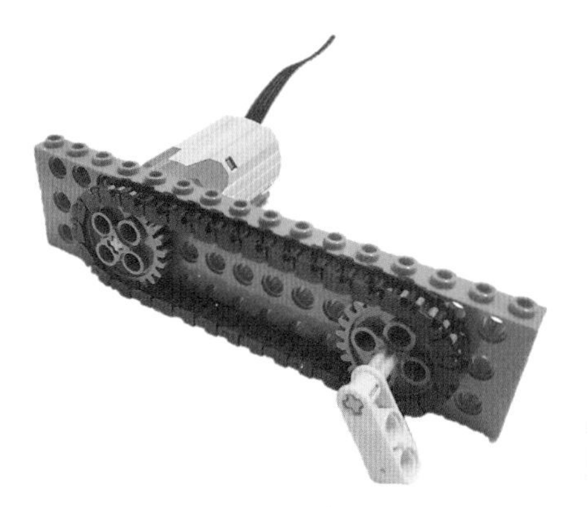

图 3-66　链传动装置

4. 任务实践

任务名称：设计一个装有履带的坦克。

设计要求：应用链传动将动力进行远距离传输。

设计思路：两个电机带动两侧齿轮，通过履带将动力传输给远处的齿轮，通过控制两边电机的转动方向使坦克做前进、后退、左转、右转以及原地旋转的动作。

设计步骤如下。

第 1 步：搭建两侧车身。

坦克

两个电机分别固定在两侧车身，通过齿轮传动分别驱动一个履带齿轮。结构设计如图 3-67 所示。

第 2 步：加固车身。

利用互锁结构将两侧车身合为一体。结构设计如图 3-68 所示。

图 3-67　搭建两侧车身

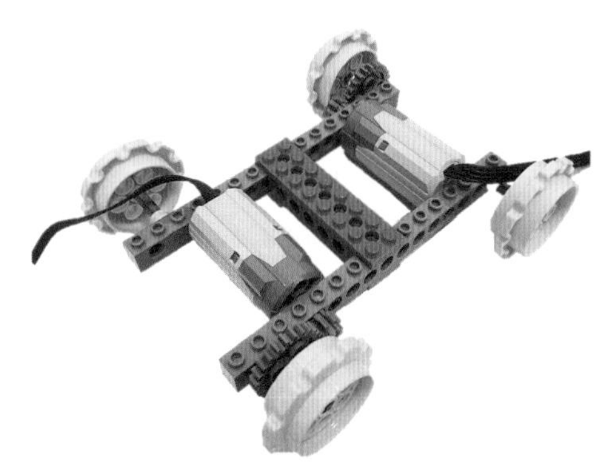

图 3-68　加固车身

第 3 步：加装履带。

选取合适长度的履带，装在履带齿轮上。结构设计如图 3-69 所示。

最终完成运用链传动的坦克，如图 3-70 所示。

图 3-69 加装履带

图 3-70 最终坦克模型

注意事项如下。

（1）由于电机横向装在车身内，所以需要先固定好电机再固定车身框架；否则可能会出现车身宽度过窄而装不上电机的情况。

（2）由于小车利用链传动，因此一个电机驱动前轮、一个电机驱动后轮与同时驱动前轮或者同时驱动后轮是没有区别的。

（3）在最后一步加装履带时，注意履带的松紧程度，最好在第 2 步加固车身之前就调试好履带的长度。

3.3.4 齿条传动实践案例

1. 情境引入

在工业自动化快速发展的现代社会，形形色色的机械结构的发挥空间也随之变大，精妙的结构设计确实解决了很多生产生活中的问题。以建筑工程为例，人类生存空间开始向高处拓展，越来越多的摩天大楼拔地而起，在楼盘施工过程中，随处可见大型升降机的身影（图 3-71），升降机不停地在高处施工点和地面之间运送施工人员和物料。那么升降机是通过什么结构实现这一运动功能的呢？这个关键的结构就是齿轮齿条传动。

图 3-71 升降机

2. 知识讲解

齿轮齿条可以将齿轮的回转运动转变为齿条的往复直线运动，或将齿条的往复直线运动转变为齿轮的回转运动，是现代机械中应用最广泛的机械传动之一。

齿轮齿条传动主要有以下优点。

（1）传递动力大，效率高。

（2）寿命长，工作平稳，可靠性高。

（3）能保证恒定的传动比，能传递任意夹角两轴间的运动。

（4）适用于快速、精准定位装置。

齿轮齿条传动主要有以下缺点。

（1）制造、安装精度要求较高，因而成本也较高。

（2）不宜做远距离传动。

齿轮齿条传动常用于将圆周运动转换为直线运动的装置，如图3-72所示。

如图3-73和图3-74所示，可以利用齿轮齿条传动完成生活中的很多与传动相关的创意搭建案例。图3-75所示为模仿生活中的叉车制作的起货架。

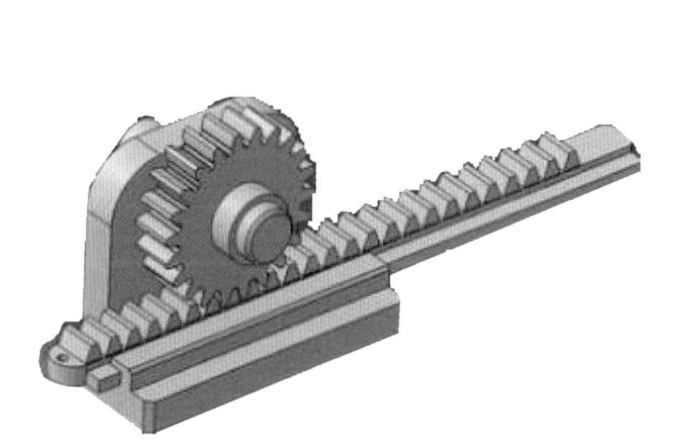

图3-72 齿轮齿条传动

图3-73 齿轮齿条的搭建模型

图3-74 陀螺

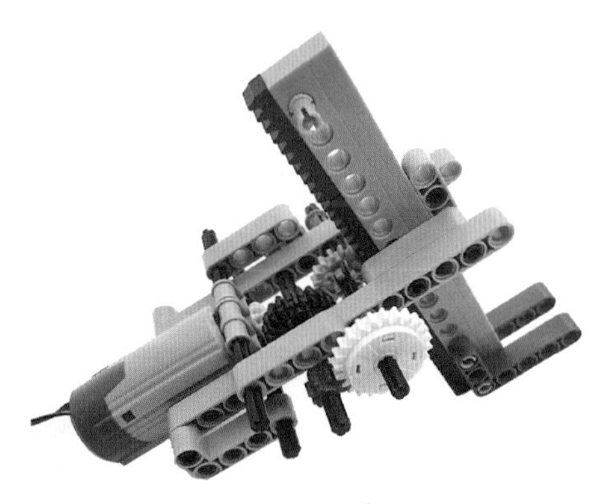

图3-75 起货架

3. 典型结构设计

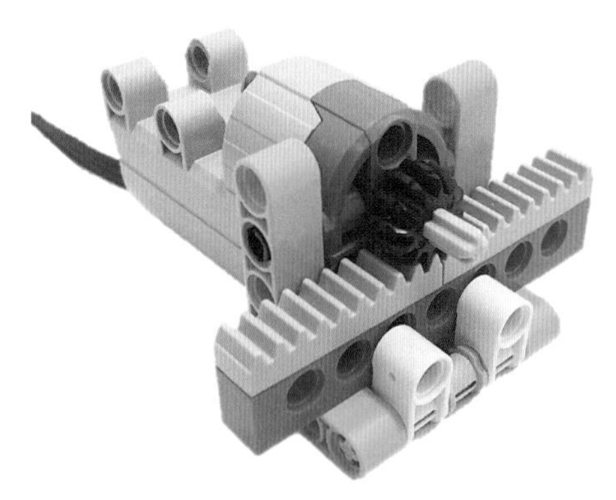

图 3-76　齿轮齿条传动装置

通过上面的学习，可以总结出一个将圆周运动转换为直线运动的常用典型结构装置，用来满足大多数实现运动方向转换功能的创意作品的使用。

图 3-76 所示为通用齿轮齿条传动装置。

注意事项如下。

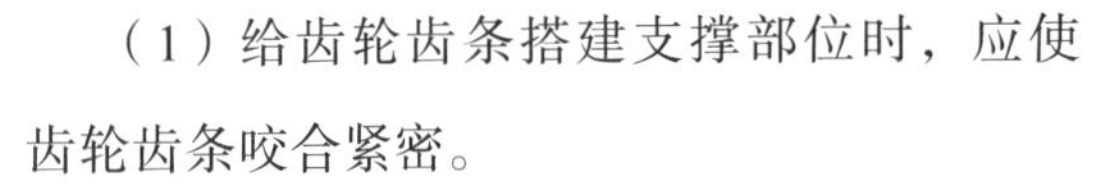

（1）给齿轮齿条搭建支撑部位时，应使齿轮齿条咬合紧密。

（2）如果齿轮和锯齿咬合不紧密，可以用板来增加厚度。

4. 任务实践

任务名称：设计一个起货架。

设计要求：应用齿轮齿条传动，将电机输出的圆周运动转换成直线运动，使得起货架可以上下运动。

设计思路：电机转动做圆周运动，齿轮齿条传动装置将圆周运动转换成上下的直线运动，将重物提起。

设计步骤如下。

第 1 步：齿轮支撑部位。

运用齿轮传动的知识，将电机的运动传送给齿轮齿条结构中的齿轮，并留出齿条的安装位置。结构设计如图 3-77 所示。

叉车

图 3-77　齿轮支撑部分

第 2 步：安装齿条。

让齿条与齿轮紧密咬合，将齿轮的圆周运动转换成齿条的直线运动。结构设计如图 3-78 所示。

最终完成运用齿轮齿条传动的起货架，如图 3-79 所示。

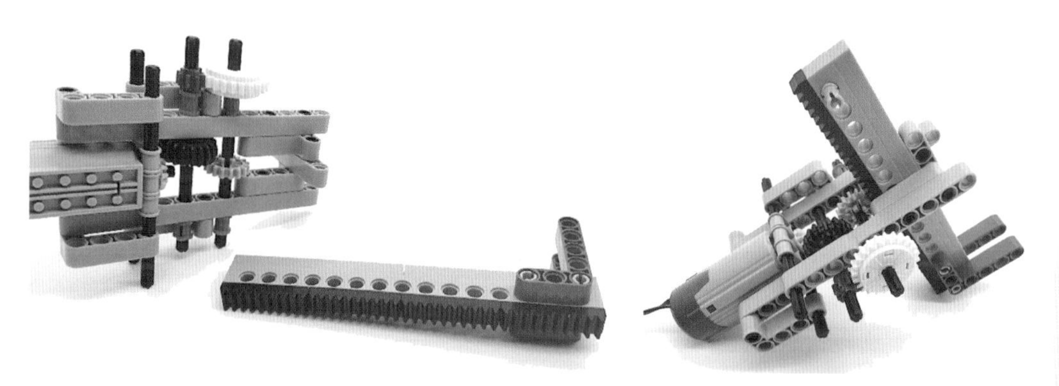

图 3-78 安装齿条

图 3-79 最终起货架模型

注意事项如下。

（1）由于齿轮齿条结构对零件精度要求较高，所以在搭建过程中应使齿轮齿条之间的咬合适度。

（2）在给齿条留位置时，应该提前测量和调整齿条的厚度，做到精确测量才能在启动起货架时做到不卡顿。

3.4 自主任务

请围绕“传动”这一主题，参考以上提供的 4 个活动案例（并不局限于这些案例），采用工程设计模式完成一份作品设计的方案。

第一步 明确问题	（通过明确问题，清楚而准确地描述设计工作的目标，并识别出所有的制约因素与标准）
第二步 资料收集	（围绕第一步提出的问题，收集相关资料，形成设计观点，并对设计观点进行批判性分析）

续表

第三步 方案设计	作品名称： 作品的功能或用途： 设计草图：
第四步 选择方案	（你觉得你的模型方案能实现吗？请分析所选方案的可行性）
第五步 构建原型	（搭建模型，并记录搭建所用的时间，以及搭建遇到的问题）
第六步 测试修改	（测试初步完成的模型，并针对发现的问题进行修改）
第七步 分享总结	（你的作品是否实现了预期的功能？请参考评价标准评价自己的作品，与同伴分享你的作品）

3.5 活动反思

（1）思考你所完成的作品中使用了哪些传动形式？传动比及传动效率是否达成了预定的要求？

（2）思考本章主题可以与哪些中小学课程建立联系？可以通过什么方式实现联系？

（3）在本章的学习中，你遇到了哪些问题？通过哪些途径加以解决？

CHAPTER 4

第4章 连杆机构

4.1 机械连杆机构的生活应用

连杆机构是生活中常见的一种机械结构，也是机械传动的基本形式之一。杆件因结构不同，运动形式也会多样化，如实现转动、摆动、往复直线运动以及平面或空间复杂运动等，因而在生活中得到广泛应用。

连杆机构的发展由来已久。水排是中国古代一种制铁用的水力鼓风装置，由东汉时期南阳太守杜诗发明，其利用水力驱动，通过曲柄连杆机构将回转运动转变为连杆的往复运动。水排大大提升了冶炼效率，是中国古代劳动人民的一项伟大发明，如图 4-1 所示。

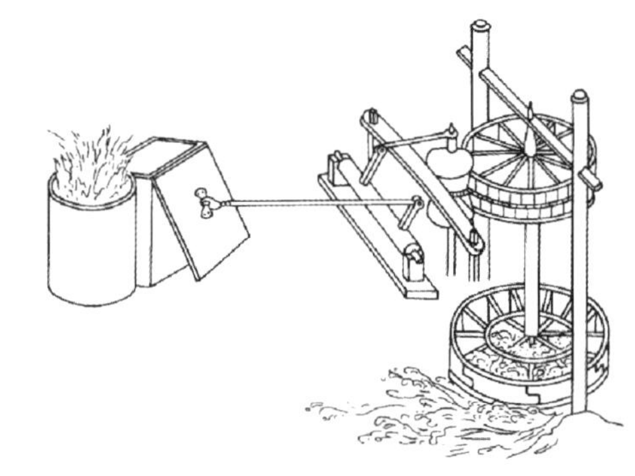

图 4-1　古代水排示意图

在王祯著的《农书》中还记载了“木棉搅车”，它是由三人操作的手摇轧花机，如图 4-2 所示。轧花机是去除棉籽的机械，用脚踏动踏杆时，通过绳索带动曲柄旋转。曲柄连杆机构在棉纺织业中的应用使得中国的棉纺织业在很长一段时间内遥遥领先于世界其他地区。在《农书》中还记载了另一种去除稻粒外壳的一种工具，称为人力砻磨机构。它使用两根绳索悬挂一根横杆，再将连杆和砻上的曲柄相连，当人往复且有一定摆动地推动横杆时，可以通过连杆使曲柄旋转，使稻米与外壳分离[16]，如图 4-3 所示。

图 4-2　轧花机实物复原图

图 4-3　古代砻磨

在现代生活中，连杆机构的应用场景更加广泛。公交车的车门开合是一种很经典的双曲柄结构（图 4-4），它是经典四连杆机构中的一种，门的开启是由连杆负责的，几根连杆组合起来的运动使两扇门被“推开”。另外，汽车雨刷器的结构也应用了连杆机构（图 4-5）。我们看到的雨刷器左右摆动，属于双摇杆机构，在雨刷器内部还隐藏着曲柄摇杆机构，曲柄摇杆机构的摇杆部分作为双摇杆机构的主动摇杆部分。另外，日常学习、工作、生活中常用的订书机也使用了连杆机构中的另一种经典机构——曲柄滑块机构实现，如图 4-6 所示。

图 4-4　公交车门

图 4-5　汽车雨刷器一

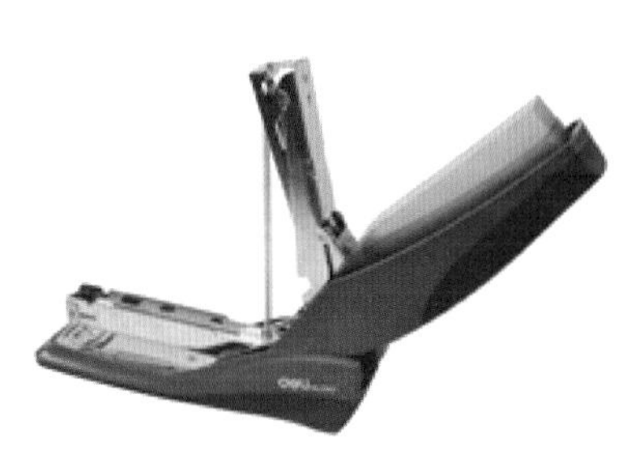

图 4-6　订书机

在工业中，连杆机构更是广泛应用于各种机器、仪器以及操纵控制装置中。例如，我国各大油田遍布的采油机，俗称“磕头机”，便是通过连杆机构进行换向的，如图 4-7 和图 4-8 所示。

图 4-7　采油机

图 4-8　采油机连杆机构示意图

飞机起落架是一种典型的连杆机构的应用。在飞机着陆前，需要将着陆轮从飞机机腹的下方放下来；在飞机起飞离开跑道后，需要将着陆轮收回到机腹中，减少飞行阻力，如图 4-9 和图 4-10 所示。

鹤式起重机也是一种典型的连杆机构的应用，可实现吊钩的近似直线运动，使得移动重物时不做功或少做功从而减少能耗，如图 4-11 和图 4-12 所示。

图 4-9　飞机起落架

图 4-10　飞机起落架示意图

连杆上不同点的轨迹其形状是不同的，从而可以得到各种不同的轨迹曲线。可以利用这些曲线满足不同的运动轨迹要求。以搅拌机为例，搅拌机通过连杆杆长的设计，可以保证搅拌机机构的连杆上尖点能按预定轨迹运动，从而完成搅拌动作（图 4-13）。加之可以使整个四杆机构进行转动，使搅拌更均匀。

图 4-11　鹤式起重机

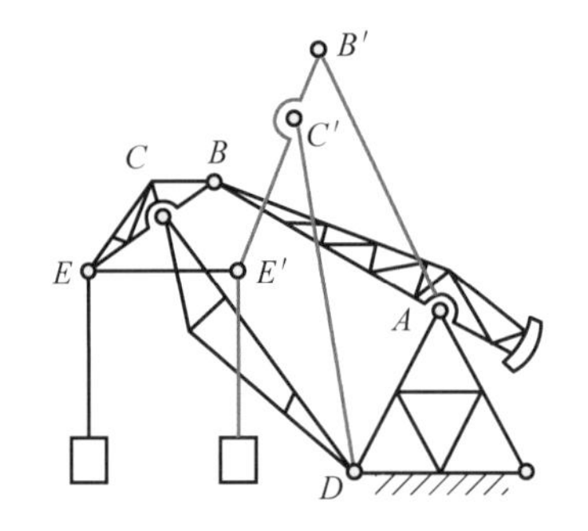

图 4-12　鹤式起重机运动示意图

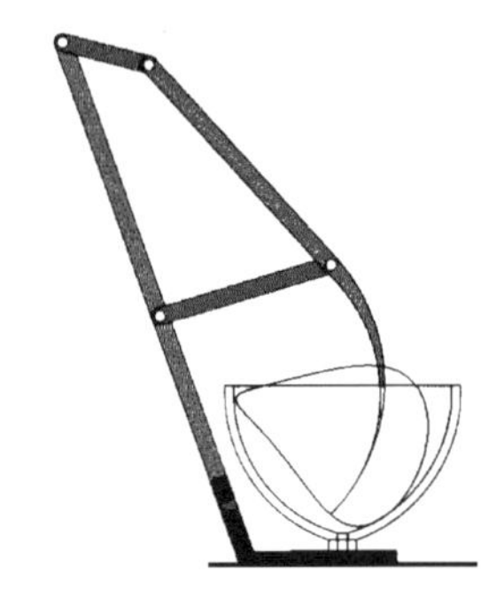
图 4-13　搅拌机示意图

4.2　连杆机构思维导图

连杆机构又称低副机构，是机械组成部分中的一类，指由若干个有确定相对运动的构件用低副（转动副或移动副）连接组成的机构。连杆机构构件运动形式多种多样，可实现转动、摆动、移动和平面或空间复杂运动，从而可用于实现已知运动规律和已知轨迹的各种应用中。所有构件均在相互平行的平面内运动的连杆机构，称为平面连杆机构。所有构件不全在相互平行的平面内运动的连杆机构，称为空间连杆机构。

由 4 个构件组成的平面连杆机构称为平面四杆机构。它的应用非常广泛，而且是组成多杆机构的基础。平面四杆机构的构件数目最少，且能转换运动。多于四杆的平面连杆机构称为多杆机构，它能实现一些复杂的运动，但杆多则稳定性差。

全部运动副为转动副的四杆机构称为铰链四杆机构，是平面四杆机构的基本形式，其他四杆机构都可以看成是在它的基础上演化而来的，如图 4-14 所示。铰链四杆机构中固定不动的构件称为机架，与机架直接相连的构件称为连架杆，与机架不直接相连的构件称为连杆。在连架杆中，能做整周转动的称为曲柄，不能做整周转动的称为摇杆。铰链四杆机构中，曲柄存在的杆长条件为：最短杆与最长杆的长度之和小于或等于其余两杆的长度之和。铰链四杆机构根据连架杆的运动形式不同，可以分为曲柄摇杆机构、双曲柄机构、双摇杆机构 3 种基本形式。

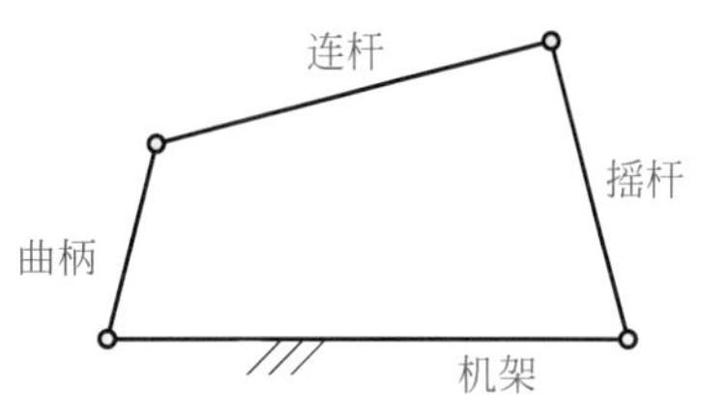

图 4-14　铰链四杆机构示意图

在满足杆长和条件下，有以下定义。

（1）取最短杆为机架时，该机构为双曲柄机构。

（2）取最短杆的邻边为机架时，该机构为曲柄摇杆机构。

（3）取最短杆的对边为机架时，该机构为双摇杆机构。

当不满足杆长和条件时，该机构只能是双摇杆机构。

在这里研究所有曲柄摇杆机构、双摇杆机构、双曲柄机构以及曲柄摇杆机构演化出的曲柄滑块机构和其他演变形式，如图 4-15 所示。

图 4-15　连杆机构思维导图

4.3 典型案例实践

4.3.1 曲柄摇杆机构实践案例

1. 情境引入

常见的运动形式主要有直线运动和圆周运动，但是在很多情况下并不能直接控制功能部件做指定运动，而需要借助联动机制，将不能直接控制的运动转化为希望的目标运动。汽车上的雨刷器工作时，它的运动轨迹是扇形（图 4-16）；踩动缝纫机的踏板，缝纫机就可以不停地做圆周运动（图 4-17）。究竟是什么机制实现了这一运动控制呢？要想了解这些装置的内部原理，就需要认识一个关键的机械结构——曲柄摇杆机构。

图 4-16　汽车雨刷器二

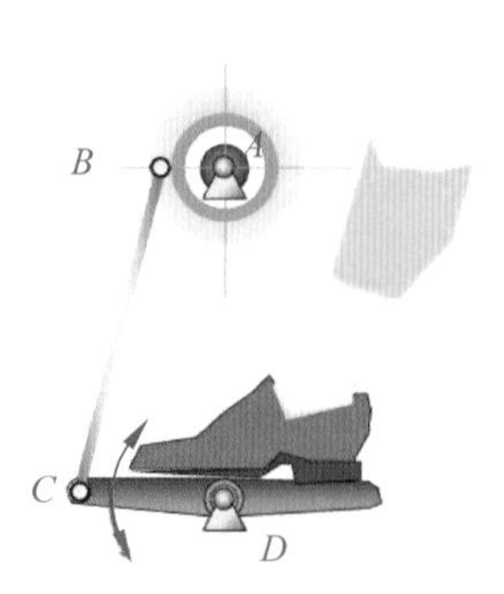

图 4-17　缝纫机脚踏板

2. 知识讲解

曲柄摇杆机构是指具有一个曲柄和一个摇杆的铰链四杆机构，如图 4-18 所示。通常，曲柄为主动件且等速转动，而摇杆为从动件做变速往返摆动，连杆做平面复合运动。曲柄摇杆机构中也有用摇杆作为主动构件，摇杆的往复摆动转换成曲柄的转动。曲柄摇杆机构的应用有很多，如雷达天线俯仰角调整机构、缝纫机踏板机构等都使用该结构。

以雷达天线调整机构为例，当曲柄 *AB* 为主动件并做匀速转动时，通过连杆 *BC*，带动摇杆 *CD* 在一定角度范围内做往复摆动，从而达到调整天线俯仰角度的目的，如图 4-19 所示。以缝纫机踏板机构为例，当摇杆 *CD* 为主动件并做往复摆动时，通过连杆 *BC* 驱使曲柄 *AB* 做完整的圆周运动，如图 4-20 所示。

当曲柄为主动件并做匀速转动时，摇杆做往复摆动的平均速度不同，铰链四杆机构的这种特性称为摇杆的急回运动特性，如图 4-21 所示。

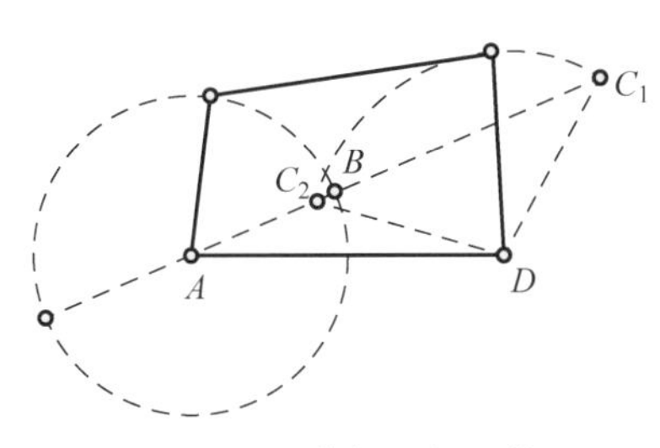

图 4-18　曲柄摇杆机构

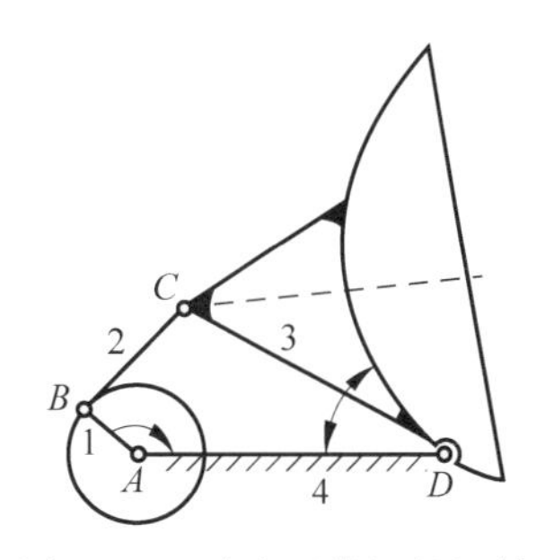

图 4-19　雷达天线调整机构

而当摇杆为主动件驱动曲柄做整周转动时，机构会出现两个止点位置。摇杆处于 C_1D 或 C_2D 两极限位置时，连杆 BC 与曲柄 AB 两次共线，此时，摇杆经连杆施加给曲柄的力 F_1 或 F_2 必然通过铰链中心 A，曲柄不能获得转矩，机构将趋于静止状态。机构所处的这种位置称为止点位置，如图 4-22 所示。

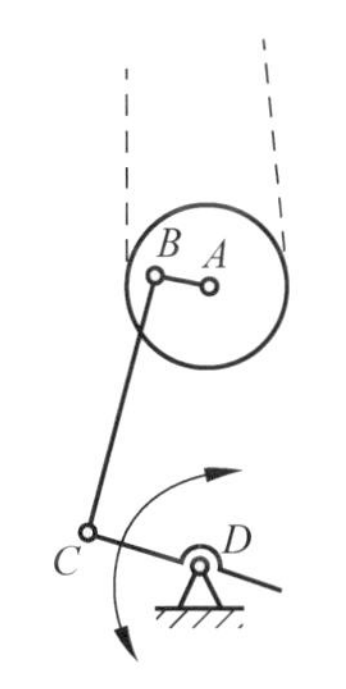

图 4-20　缝纫机踏板机构

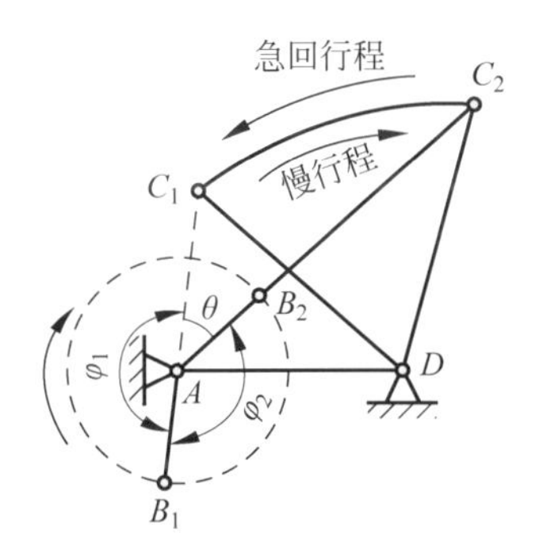

图 4-21　急回特征示意图

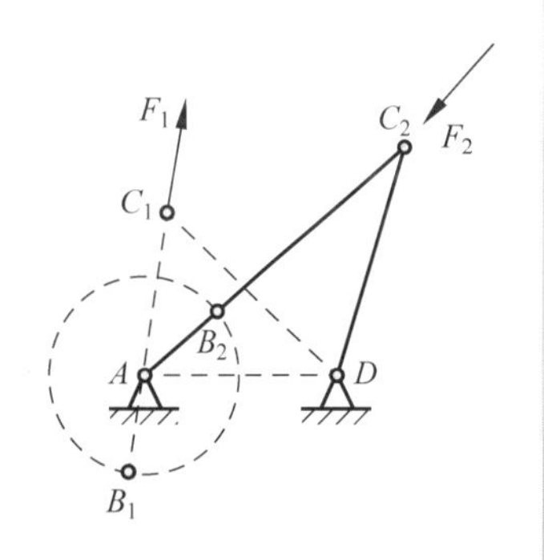

图 4-22　止点位置示意图

可以利用曲柄摇杆机构完成生活中的很多创意搭建案例，如可以往复运动的稻草人、可以向前行动的机械马以及敲鼓机器人，如图 4-23 至图 4-25 所示。

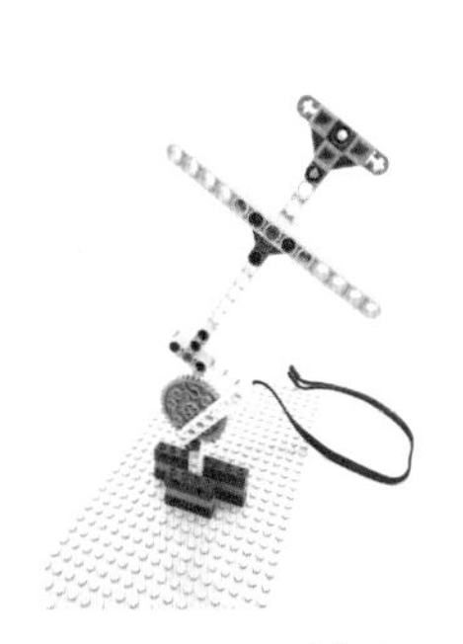
图 4-23　稻草人

图 4-24　机械马

图 4-25　敲鼓机器人

3. 典型结构设计

通过上面的学习，可以总结出一个利用曲柄摇杆机构原理的常用典型结构装置，用来满足大多数实现圆周运动转换成往复运动的创意作品的使用。图 4-26 所示为典型装置。

注意事项如下。

（1）需要“活动”的两个零件之间应该用光滑销连接。

（2）在摇摆典型装置中，齿轮的半径以及连杆的长度直接影响了摇杆摇摆的幅度，在搭建过程中可根据需要调整。

（3）在机器人腿部典型结构中，连杆的长度直接影响着机器人行走的姿态，在搭建时应使腿部在前后摇晃时，两个极限点分布在腿与身体连接点的垂线两侧，如图 4-27 所示。

图 4-26　摇摆典型结构

图 4-27　机器人腿部典型结构

4. 任务实践

极速风车

任务名称：设计一个极速风车。

设计要求：结合曲柄摇杆机构概念，模仿游乐场里的极速风车，利用电机驱动让风车旋转，同时上下摇摆。

设计思路：利用电机的动力，将蜗轮箱当作曲柄装在风车臂上，将固定支架当作摇杆，通过反作用力使风车臂摇动。

设计步骤如下。

第 1 步：固定支架（摇杆部分）。

搭建一个稳固的支架，作为整个风车的支撑。结构设计如图 4-28 所示。

第 2 步：风车臂（曲柄部分）。

将蜗轮箱和电机固定在风车臂上。结构设计如图 4-29 所示。

第 3 步：连接风车臂和支架（连杆部分），如图 4-30 和图 4-31 所示。

第 4 步：稍加装饰，完成可以实现上下摆动的极速风车，如图 4-32 所示。

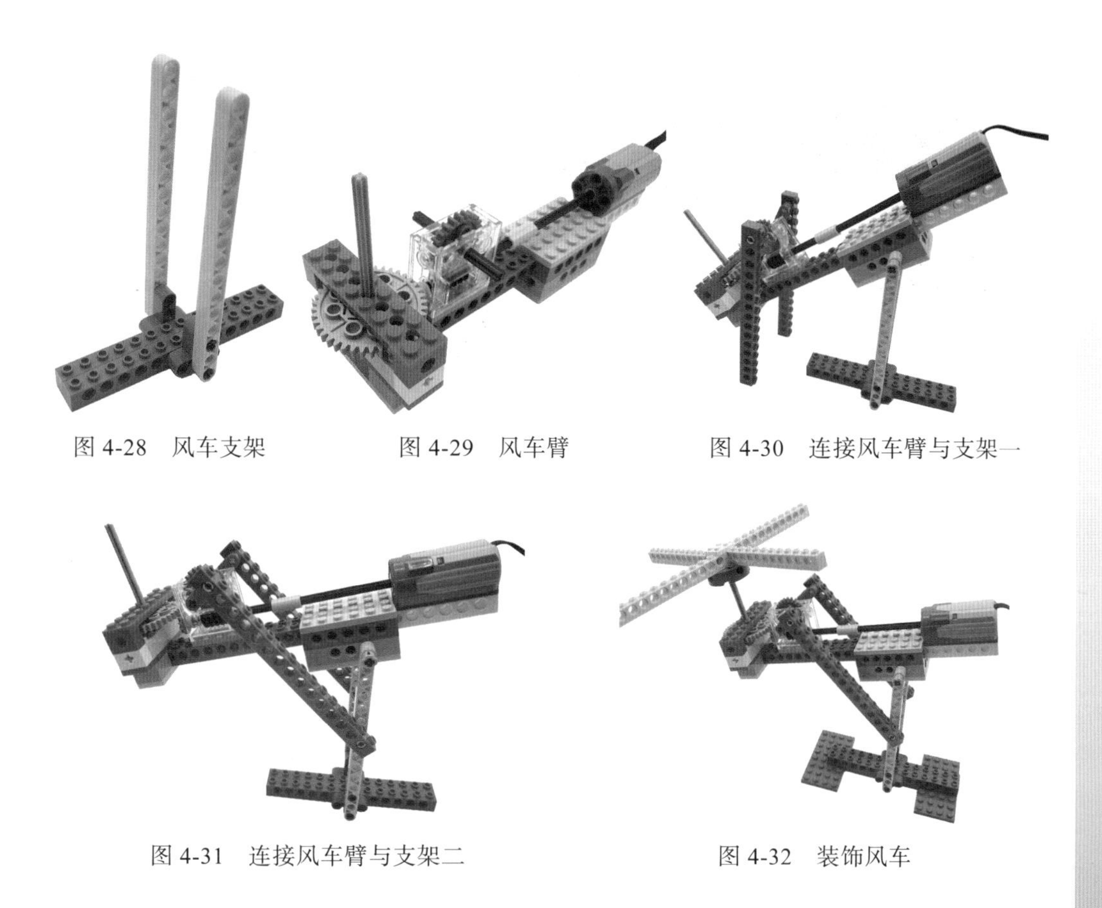

图 4-28 风车支架　　图 4-29 风车臂　　图 4-30 连接风车臂与支架一

图 4-31 连接风车臂与支架二　　图 4-32 装饰风车

注意事项如下。

（1）由于作品利用曲柄摇杆机构，对曲柄摇杆各部分长度有一定要求，所以在搭建过程中，应注意各部分的相对长度。例如，在装连杆时，连接位置可以有一定改变，但改变幅度不宜过大，应多试验总结，找出最合适的位置。

（2）测试时，应先使用手动旋转进行调试，调试无误后使用电机测试，避免曲柄结构设计不当造成松塌。

4.3.2 双曲柄机构实践案例

1. 情境引入

探索科技奥秘需要一双善于发现的眼睛。以常见的交通工具为例，为什么火车上同向运动的并排轮子之间存在连杆（图 4-33）？为什么公交车门的左右两扇门可以实现对向的关与开（图 4-34）？有趣的是，虽然以上两种运动一个是同向运动、一个是对向运动，却是通过同一类机构实现的，那就是双曲柄机构。

图 4-33　火车的轮子　　图 4-34　公交车门

2. 知识讲解

如果两个连架杆均为曲柄，都能做整周转动，该铰链四杆机构称为双曲柄机构（图 4-35）。当相对的两杆平行且相等时，该机构称为平行四边形机构。在这种机构运动中，两个曲柄以相同的角度做同向转动，而连杆做平动。机车车轮联动装置和升降平台即应用了平行四边形机构，如图 4-36 和图 4-37 所示。

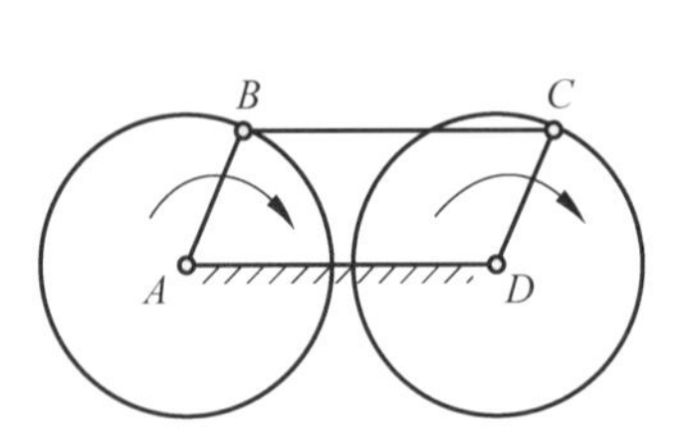

图 4-35　双曲柄机构

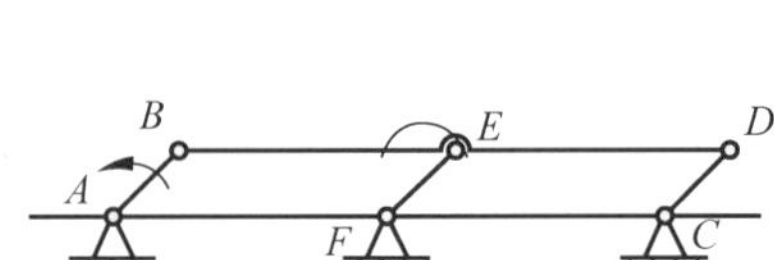

图 4-36　机车车轮联动装置

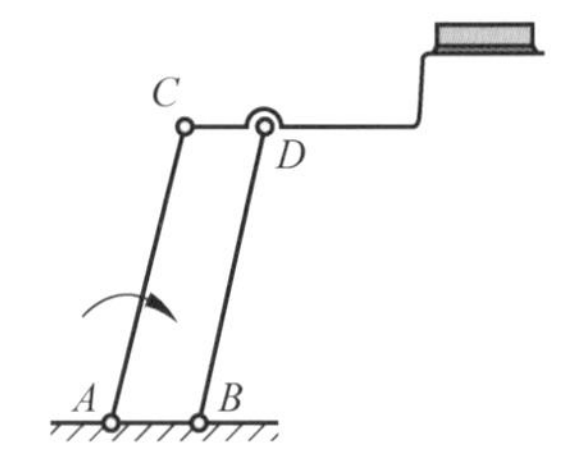

图 4-37　升降平台

在双曲柄机构中，若其对边长度相等但不平行时，则称为反平行四边形机构。这种机构运动时，主、从动曲柄转向相反，连杆做平动。公交车门的开闭就是典型的应用实例。当主曲柄 *AB* 转动时，通过连杆使从动曲柄 *CD* 做反向转动，从而使得两扇车门同时打开或者关闭。图 4-38 所示为公交车门开闭结构示意图。

可以利用双曲柄机构完成生活中的很多创意搭建案例。图 4-39 所示的小火车利用了平行四边形双曲柄机构，图 4-40 所示的公交车门结构则利用了反向双曲柄机构。

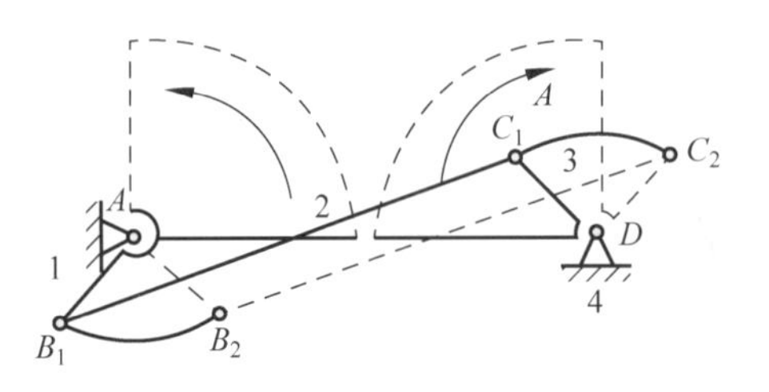

图 4-38　公交车门开闭结构示意图

图 4-39　小火车模型

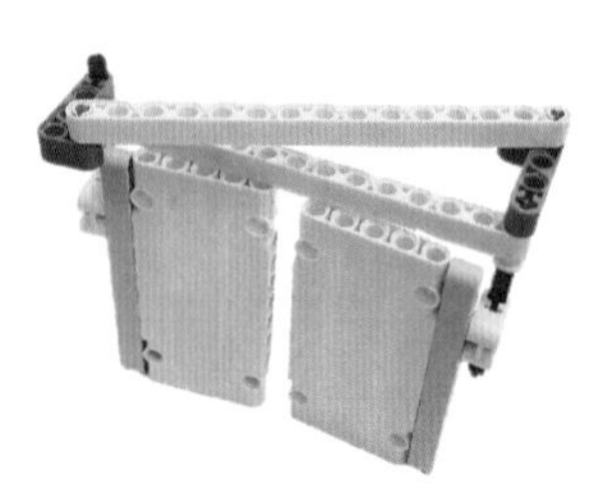

图 4-40　公交车门模型

3. 典型结构设计

通过上面的学习，可以总结出一个利用双曲柄机构原理的典型结构装置，如图 4-41 至图 4-43 所示。

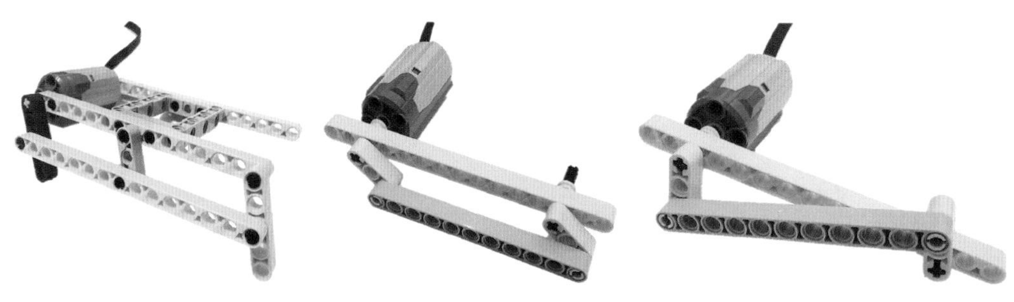

图 4-41　典型结构　　图 4-42　平行双曲柄机构　　图 4-43　反向双曲柄机构

注意事项如下。

（1）需要“活动”的两个零件之间应该用光滑销连接。

（2）连杆的长度应与两杆间的距离相等。

（3）中间的短杆为约束杆，用来防止曲柄与机架共线时运动不确定。

公交车门

4. 任务实践

任务名称：设计一个公交车门。

设计要求：结合双曲柄机构概念，利用反向双曲柄机构搭建一个公交车门，实现能够模仿公交车门的开闭。

设计思路：根据双曲柄机构的构成，首先确定车门应该为曲柄部分，机架应该为车门上方的固定横梁。此外，两扇车门中间还需要一个连杆。

设计步骤如下。

第 1 步：车门框架（机架部分）。

利用反向双曲柄机构搭建一个稳固的车门框架，作为车门旋转的支撑。结构设计如图 4-44 至图 4-46 所示。

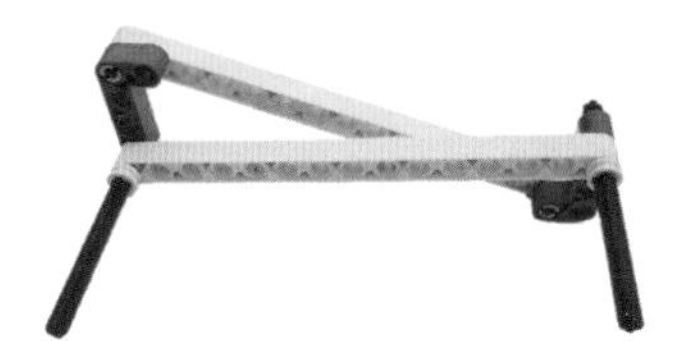

图 4-44　车门框架角度一

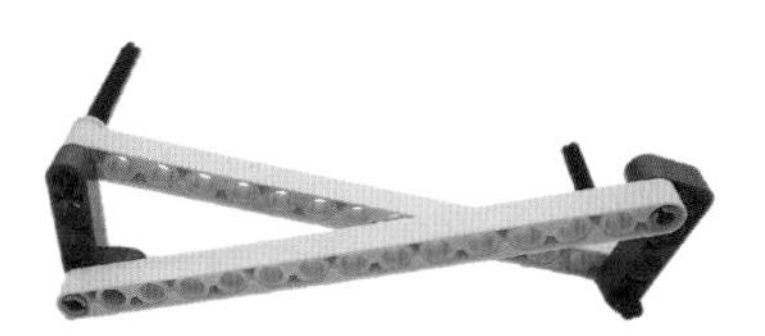

图 4-45　车门框架角度二

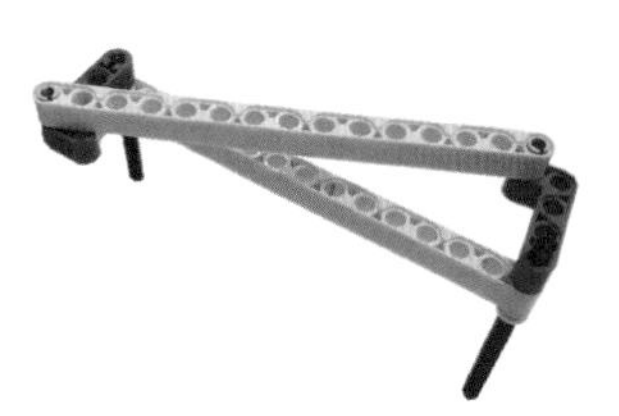

图 4-46　车门框架角度三

第 2 步：安装车门。

调整曲柄的角度，使两根黄色杆几乎平行时车门处于完全打开状态。结构设计如图 4-47 至图 4-49 所示。

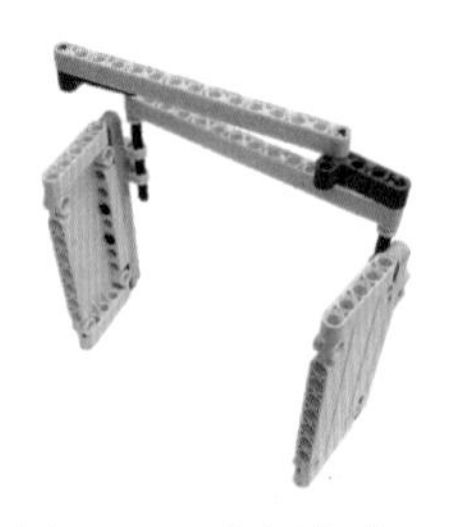
图 4-47　车门角度一

图 4-48　车门角度二

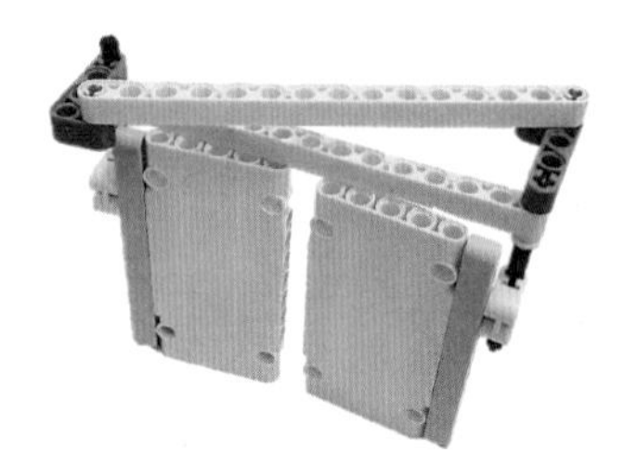
图 4-49　车门角度三

注意事项如下。

（1）在选取机架和曲柄时，应结合车门宽度，并尽量使车门可以 90° 开合。

（2）曲柄与车门的连接轴上方可以凸出些，用于防止车门过度打开。

4.3.3　双摇杆机构实践案例

1. 情境引入

假如你正在路上开着车，突然降雨，为了看清前方路况，你连忙打开雨刷器，两根雨刷器有规律地左右摆动，扫清了视野前的障碍，更抚平了内心的慌乱。那么是什么机构让雨刷器可以如此步调一致地工作呢？

2. 知识讲解

两个连架杆均为摇杆的铰链四杆机构称为双摇杆机构。对于双摇杆机构，它的两个连架杆相对于机架均做摆动，当连杆为转动主动件时，可以实现砂箱的翻箱（图 4-50）；当一个摇杆为摇动主动件时，利用连杆上一个点的水平轨迹作为运动输出，可以实现码头货物的平移（图 4-51）。

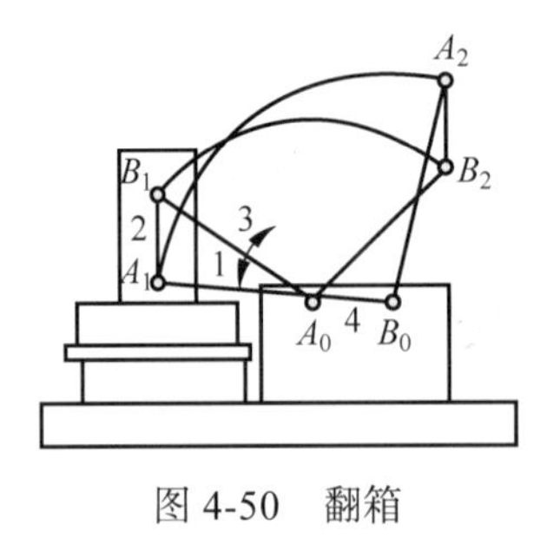

图 4-50　翻箱

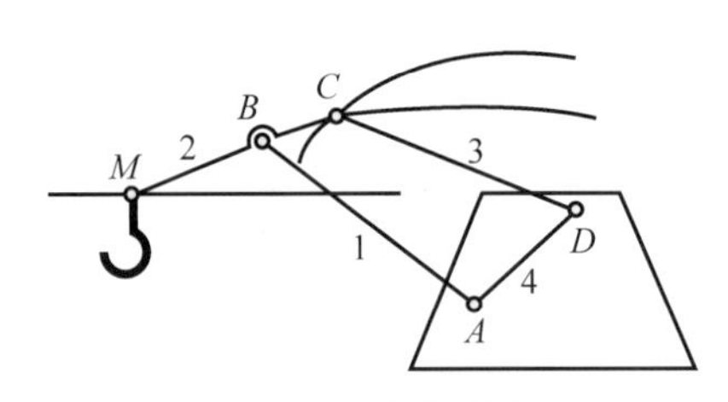

图 4-51　码头货物平移

3. 典型结构设计

图 4-52　双摇杆典型结构

通过上面的学习，可以总结出利用双摇杆机构原理的典型结构装置，如图 4-52 所示。

注意事项如下。

（1）由于双摇杆机构的驱动部分需要做往复运动，刚好符合曲柄摇杆机构中摇杆的运动状态，所以双摇杆机构常常和曲柄摇杆机构结合使用。

（2）双摇杆机构中，应该隐含有一个平行四边形。

（3）除固定连接点外，其他连接点都需要用光滑销或者用轴插进销孔。

4. 任务实践

雨刷器

任务名称：设计一个雨刷器。

设计要求：结合双摇杆机构概念，模仿汽车的雨刷器进行搭建。

设计思路：根据双摇杆机构的构成，首先确定雨刷器应该为摇杆部分，由于作品使用电机驱动，所以应该利用曲柄摇杆机构，将电机的圆周运动转换成往复运动，机构中的摇杆应该为双摇杆机构中的主动杆。

设计步骤如下。

第 1 步：雨刷器部分。

结合双摇杆机构的结构，模仿雨刷器的形状搭建一个雨刷器。结构设计如图 4-53 所示。

第 2 步：驱动部分。

利用齿轮搭建曲柄摇杆部分，为电机带动齿轮做准备。结构设计如图 4-54 所示。

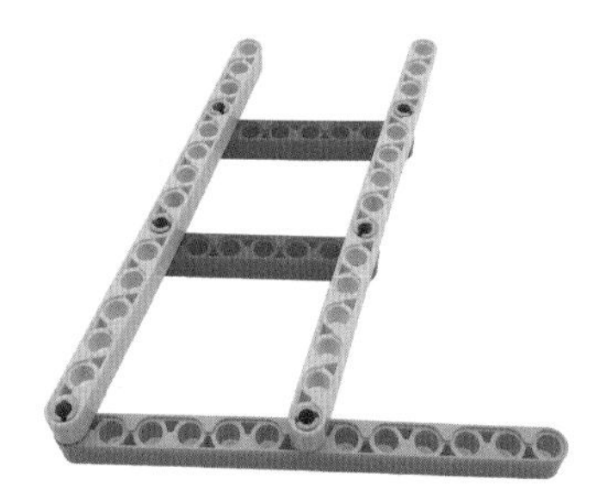
图 4-53　双摇杆机构的雨刷器

图 4-54　安装驱动

第 3 步：底座部分。

将雨刷器固定在底座上，并用互锁结构加固。结构设计如图 4-55 所示。

第 4 步：安装电机。

将整个装置固定在底板上，利用齿轮的水平传动，用电机带动整个装置。结构设计如图 4-56 所示。

图 4-55　安装底座

图 4-56　安装电机

注意事项如下。

（1）零件之间需要“活动”的连接点应该使用光滑销。

（2）曲柄摇杆机构中连杆的长度可以适当调整，以改变雨刷器的摆动幅度。

（3）电机的高度不够时可以用板叠加垫起。

4.3.4　曲柄滑块机构实践案例

1. 情境引入

地球上的水资源越来越宝贵，地面浅层的水已经不能满足人类的生存需要，需要从地面更深的地方把水抽取出来。抽水机是一种常用的抽水装置（图 4-57），通过转动抽水机上的手柄，就可以将水从很深的地方垂直抽到地面，这种功能是如何实现的呢？发挥这种功能的关键机构就是曲柄滑块机构，这种机构还经常用于海上能源开采。

图 4-57　抽水机

2. 知识讲解

曲柄滑块机构是指用曲柄和滑块来实现转动和移动相互转换的平面连杆机构。它是将曲柄摇杆机构中的摇杆转化为滑块而得来的一种演化形式。从曲柄摇杆机构示意图（图 4-18）中可以看出，如果要求 C 点的运动轨迹的曲率半径较大甚至达到 C 点做直线运动的话，那么摇杆 CD 的长度就特别长，甚至是无穷大。这显然无法达到制造目的。为此，在实际实施中是将点转动副 D 变化为移动副，摇杆 CD 变为一个滑块（图 4-58）。这种含有移动副的四杆机构称为滑块四杆机构，当滑块运动的轨迹为曲线时称为曲线滑块机构，当滑块运动的轨迹为直线时称为直线滑块机构。直线滑块机构可分为两种情况：当导路与曲柄转动中心有一个偏距 e 时，称为偏心曲柄滑块机构（图 4-59）；当 $e=0$ 即导路通过曲柄转动中心时，称为对心曲柄滑块机构（图 4-60）。由于对心曲柄滑块机构结构简单，受力情况好，故在实际生产中得到广泛应用。因此，日常所说曲柄滑块机构即指对心曲柄滑块机构。曲柄滑块机构中与机架构成移动副的构件为滑块，通过转动副连接曲柄和滑块的构件为连杆。

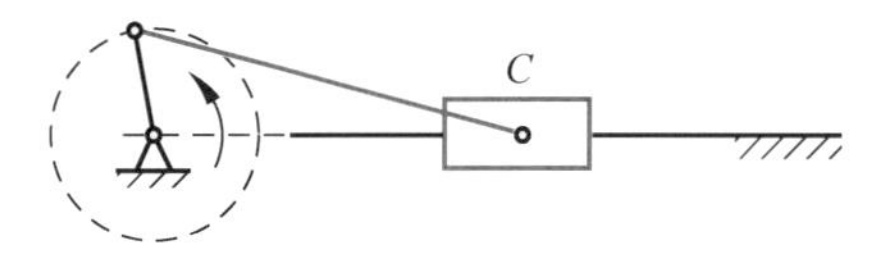

图 4-58　曲柄滑块机构示意图

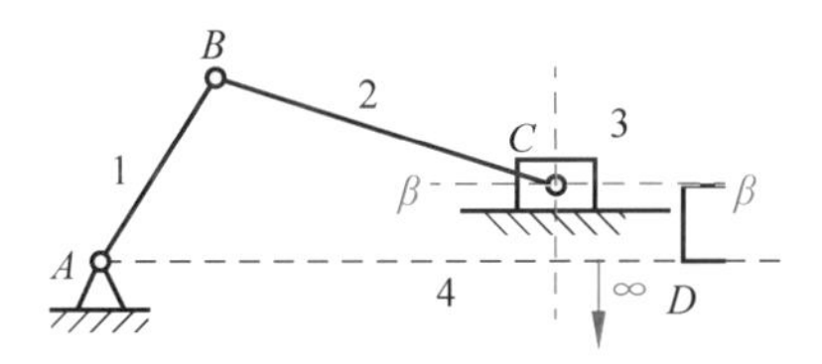

图 4-59　偏心曲柄滑块机构示意图

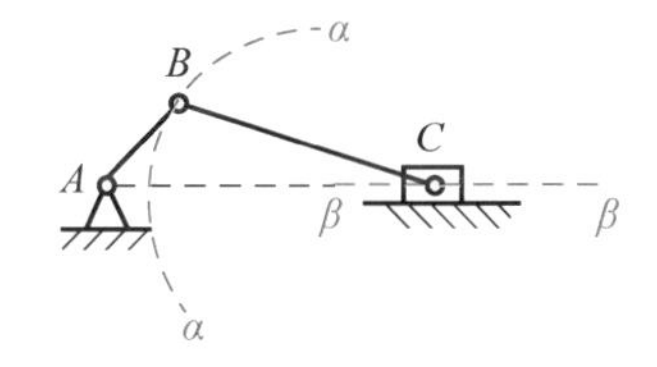

图 4-60　对心曲柄滑块机构示意图

曲柄滑块在工业制造中有着广泛的应用，如常见的有内燃机汽缸、冲压机、送料机等。内燃机的活塞（相当于滑块）的往复直线运动被转换为曲轴（相当于曲柄）的旋转运动。冲压机应用曲柄滑块机构将曲轴（相当于曲柄）的旋转运动转换为冲压头（相当于）滑块的往复运动。送料机中曲柄 AB 每转动一周，滑块 C 就从料槽中推出一个工件，如图 4-61 至图 4-63 所示。

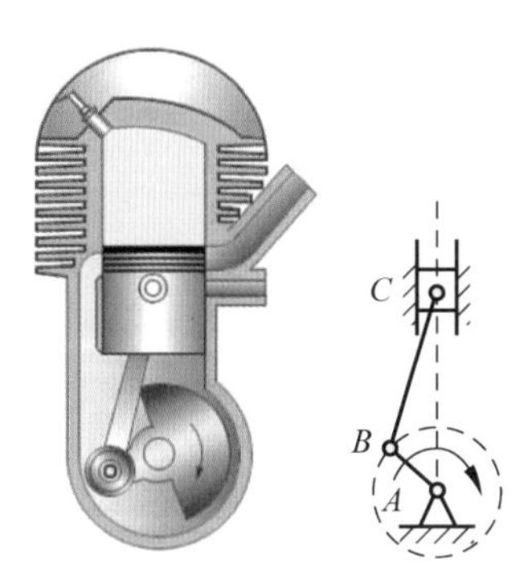

图 4-61　内燃机活塞

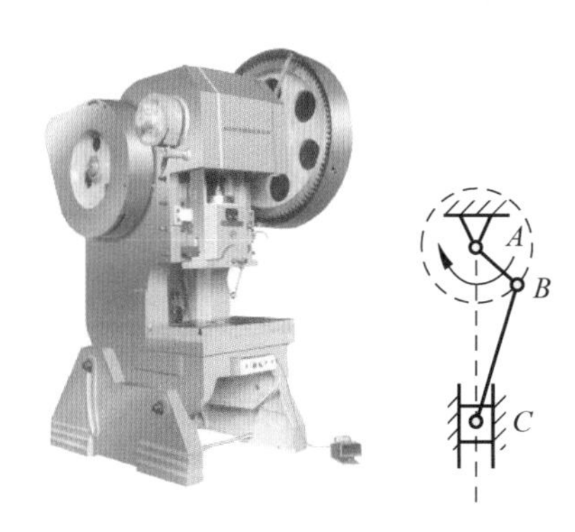

图 4-62　冲压机

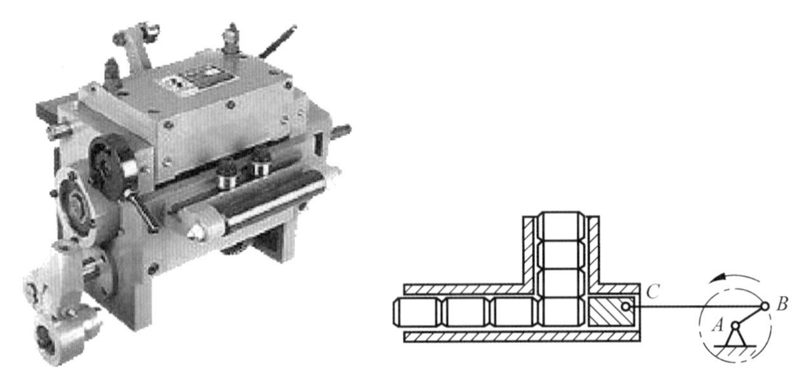

图 4-63　送料机

可以利用曲柄滑块机构完成生活中的很多创意搭建案例，如可以振翅的可爱小鸡、可以反复开关的推拉门，如图 4-64 和图 4-65 所示。

图 4-64　可以振翅的小鸡

图 4-65　推拉门

3. 典型结构设计

通过上面的学习，可以总结出一个利用曲柄滑块机构原理的常用典型结构装置，用来满足大多数实现圆周运动转换成往复直线运动的创意作品的使用。图 4-66 至图 4-69 所示为典型装置。

图 4-66　曲柄滑块典型结构角度一

图 4-67　曲柄滑块典型结构角度二

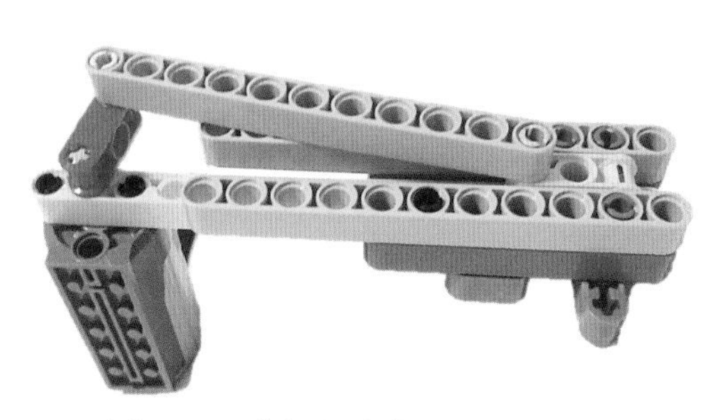
图 4-68　曲柄滑块典型装置角度一

图 4-69　曲柄滑块典型装置角度二

注意事项如下。

（1）在图 4-66 中，长黄色杆固定不动，红色连接器为主动杆，做圆周运动，为曲柄部分；红色杆起连接作用，为连杆；黄色连接器以绿色杆组成的部分为轨道，做往复直线运动，为滑块。

（2）在实际搭建中，红色短杆常用中心带轴孔的齿轮代替。

（3）电机驱动齿轮，利用此装置达到让滑块做往复直线运动的目的。

4. 任务实践

推拉门

任务名称：设计一个推拉门。

设计要求：结合曲柄滑块机构，利用电机驱动让推拉门能够反复开关。

设计思路：利用电机的动力，将齿轮当作曲柄，门为滑块部分，电机转动带动齿轮做圆周运动，通过连杆，使门在门框上做往复直线运动。

设计步骤如下。

第 1 步：门框（滑块的轨道部分）。

搭建一个稳固的门框，中间的空隙可以将门放入。结构设计如图 4-70 所示。

第 2 步：装门（滑块部分）。

将门放入留好的缝隙中。结构设计如图 4-71 所示。

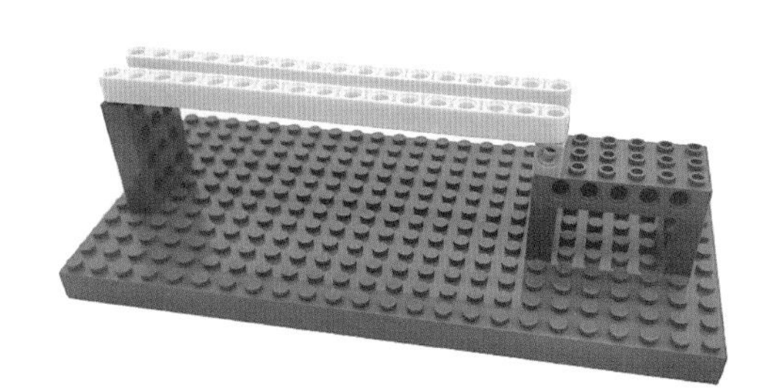
图 4-70　搭建门框

图 4-71　安装门扇

第 3 步：曲柄部分。

将齿轮作为曲柄，也可以在齿轮上固定短杆，这样曲柄的运动半径将会变大。结构设计如图 4-72 所示。

第 4 步：连接（连杆部分）。

用杆将曲柄和滑块连接，最终完成可以实现反复开关的推拉门。结构设计如图 4-73 所示。

图 4-72　安装曲柄部分

图 4-73　连接连杆部分

注意事项如下。

（1）由于作品利用曲柄滑块机构，曲柄和连杆的长度会影响滑块的运动幅度及范围，所以在搭建过程中，应注意调整各部分的相对长度。比如在装曲柄时，发现曲柄运动半径过小，就通过杆与齿轮的结合来增加运动半径。

（2）同样，连杆的长度也应多试验调整，找出最合适的长度。

4.3.5 其他演化机构

通过用移动副取代转动副、变更杆件长度、变更机架和扩大转动副等途径，可得到铰链四杆机构的其他演化形式。

1. 导杆机构

在对心曲柄滑块机构中，导杆是固定不动的。如果将滑块沿导杆移动并使得滑块绕 *C* 点转动，并将 *AB* 点固定，则形成导杆机构。在这个机构中，如果 *AB* 杆长度小于等于 *BC* 杆长度，则杆 2 和杆 4 都能做整周转动，则称为旋转导杆机构。当 *AB* 杆长度大于 *BC* 杆长度时，杆 2 能做整周转动，杆 4 只能往复摆动，称为摆动导杆机构，如图 4-74 所示。

导杆机构具有很好的传力性，在插床、刨床等要求传递重载的场合得到应用，如图 4-75 所示。

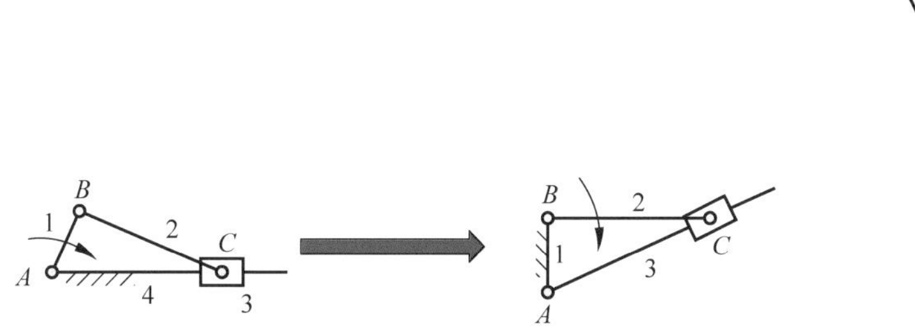

图 4-74　导杆机构示意图

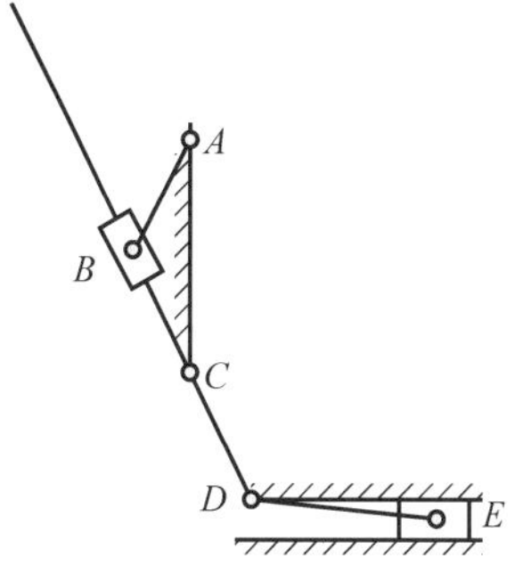

图 4-75　插床中的导杆机构示意图

2. 摇块机构和定块机构

在对心曲柄滑块机构中，将与滑块铰接的构件固定成机架，使滑块只能摇摆不能移动，就称为摇块机构。将对心曲柄滑块机构中的滑块固定为机架，就称为定块机构，如图 4-76 所示。

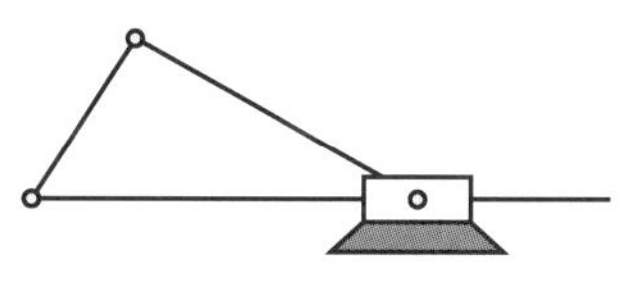
图 4-76　定块机构示意图

3. 偏心轮机构

偏心轮是指轴孔偏向一边的轮子。装在轴上旋转时，轮的外缘推动另一机件产生往复运动，多用来带动机械的开关、活门等。

扩大转动副尺寸是一种常见的、具有实际应用价值的机构演化方法。铰链四杆机构通过扩大转动副衍生出平面四杆机构中的偏心轮机构。转动副直径越大，其强度越高，机构的刚性也越好。曲柄滑块机构中的曲柄长度比较短时，无法增大曲柄与连杆及机架连接处的转动副直径，欲使机构中的运动副具有比较高的强度，提高机构的刚性，通常增大曲柄与连杆连接处的转动副半径，并使其大于曲柄的长度，将曲柄演化成偏心轮，如图 4-77 和图 4-78 所示。

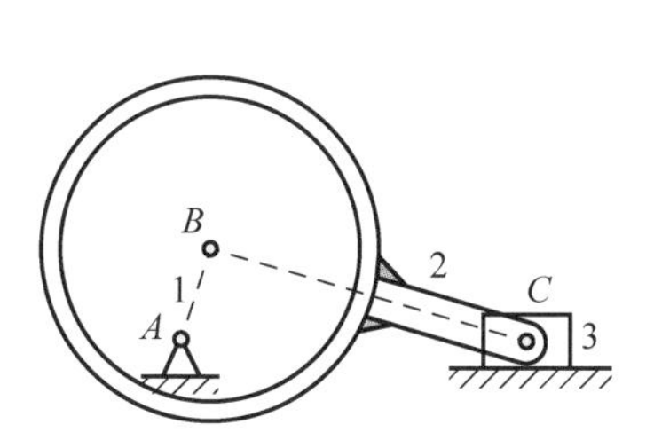

图 4-77　偏心轮滑块机构示意图

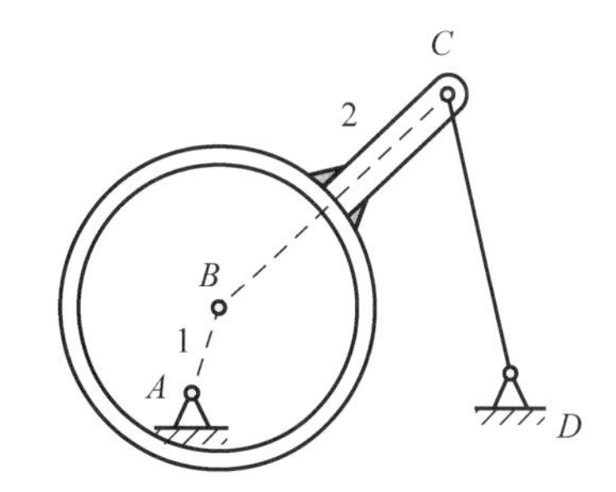

图 4-78　偏心轮摇杆机构示意图

4.4 自主任务

请围绕“连杆机构”这一主题，参考以上提供的3个活动案例（并不局限于这些案例），采用工程设计模式，完成一份作品设计的方案。

第一步 明确问题	（通过明确问题，清楚而准确地描述设计工作的目标，并识别出所有的制约因素与标准）
第二步 资料收集	（围绕第一步提出的问题，收集相关资料，形成设计观点，并对设计观点进行批判性分析）
第三步 方案设计	作品名称： 作品的功能或用途： 设计草图：
第四步 选择方案	（你觉得你的模型方案能实现吗？请分析所选方案的可行性）
第五步 构建原型	（搭建模型，并记录下搭建所用的时间，以及搭建遇到的问题）

续表

第六步 测试修改	（测试初步完成的模型，并针对发现的问题进行修改）
第七步 分享总结	（你的作品是否实现了预期的功能？请参考评价标准评价自己的作品，与同伴分享你的作品）

4.5　活动反思

（1）思考你所完成的作品中使用了哪些连杆机构？选择的机构类型是否准确？是否达到了预定的要求？

（2）思考本章主题可以与哪些中小学课程建立联系？可以通过什么方式实现联系？

（3）在本章的学习中，你遇到了哪些问题？通过哪些途径进行解决呢？

机器人结构

5.1 机器人科技发展与现状

当今社会科学技术的发展日新月异，机器人技术作为20世纪以来最伟大的发明之一，在人类的日常生活、工业制造和社会服务等领域发挥了重大的作用。我国《国家中长期科学与技术发展规划纲要（2006—2020年）》和《“十二五”国家战略性新兴产业发展规划》明确指出，机器人将作为我国重点扶持、优先发展的战略性高新技术，机器人产业迎来了战略性发展机遇。机器人技术是综合计算机、控制论、机构学、信息和传感技术、人工智能、仿生学等多学科而形成的高新技术，机器人的应用情况是反映一个国家工业自动化水平的重要标志。国际上有人将机器人称为“制造业皇冠顶端的明珠”，2014年，习近平总书记在两院院士大会上发表讲话，重点提及机器人技术，指出要把我国的机器人水平提高上去，尽可能多地占领市场。

5.1.1 机器人发展历史

机器人体现了人类的一种愿望，那就是创造出像人一样的机器，使其能够代替人类去做某些工作。其实早在古代，就出现了可以代替人工作的机器。中国古籍中记载了关于指南车的神话传说，指南车是一种利用机械传动系统来指示方向的机械装置（图5-1），相传远古时期蚩尤凭借指南车大败炎帝。《墨子·鲁问》曾记载：“公输子削竹木为鹊，成而飞之，三日不下”，意思是中国工匠祖师爷鲁班曾经用竹子做成了一只木鸟，这只鸟连续飞了三天都没有落下（图5-2）。《三国志》曾记载：“亮性长于巧思，损益连弩，木牛流马，皆出其意”，以史料证明三国时期的诸葛亮曾发明“木牛流马”这种机器，在行军打仗时协助军队搬运粮草（图5-3）。水钟是一种古老的计时工具

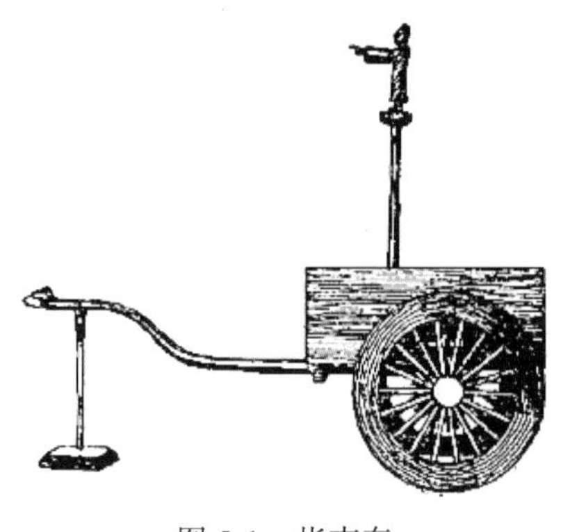

图5-1　指南车

图5-2　削竹为鹊

（图 5-4），这种钟的运行由一块浮标控制，当水从底部的一个小出口慢慢流出时，浮标也一点点地下沉。浮标大概与一根圆杆相连接，圆杆在下沉时使指示柄随之移动。通向水井台阶的磨损程度表明，每天都要给蓄水池倒满水。虽然古代的这些机器发明还没有达到“机器人”的高度，但古人对机械结构的巧妙应用却对后世产生了深远的影响。

图 5-3　木牛流马

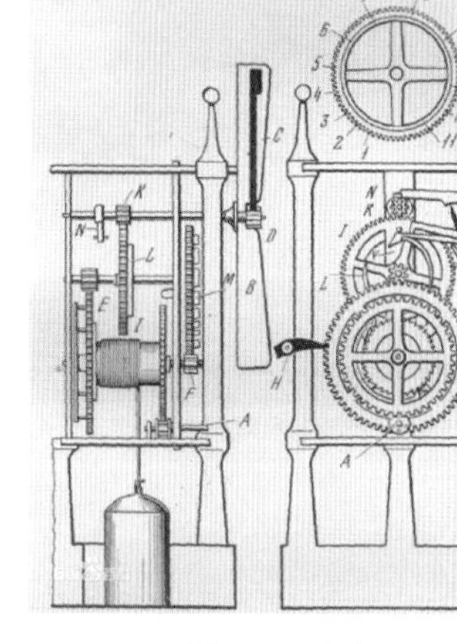

图 5-4　水钟

在现代社会，人们对机器人的定义尚不统一，国际标准化组织（ISO）认为机器人是一种自动的、位置可控的具有编程能力的多功能操作机，这种操作机具有几个轴，能够借助可编程操作来处理各种材料、零件、工具和专用装置，以执行各种任务。机器人按发展进程一般可分为三代：第一代机器人是“可编程机器人”，可以根据操作人员所编写的程序，完成一些简单的重复性操作，这一代机器人从 20 世纪 60 年代开始投入实际应用，不具备外界信息反馈能力，不能适应环境变化；第二代机器人是“感知机器人”，又叫作自适应机器人，具有一定程度的感知周围环境的能力，工作时根据感觉器官（听觉、视觉、触觉等传感器）获取的信息调整工作状态，从而适应环境完成任务，相比于前一代机器人，他们具有简单的自我反馈调节能力；第三代机器人是“智能机器人”，通过各种传感器、测量器等来获取环境的信息，然后利用智能技术进行识别、理解、推理并做出判断和决策，对变化的环境具有高度的适应性和自治能力，具有自主解决问题的能力 [17]。

1954 年，美国的乔治·沃尔德制造出世界上第一台可编程的机械手，并注册了专利，按照预先设定好的程序，该机械手可以从事不同的工作，具有通用性和灵活性。随后的 1958 年，被誉为“工业机器人之父”的美国人约瑟夫·恩格尔伯格创建了世界上第一家机器人公司——Unimation（优尼梅生），正式把机器人向产业化方向推进。1962 年，Unimation 公司的第一台机器人产品 Unimate 问世（图 5-5）。该机器人由液压驱动，并依靠计算机控制手臂执行相应的动作。同年，美国机床铸造公司也研制了 Versatran 机器人，其工作原理与 Unimate 相似。一般认为，Unimate 和 Versatran 是世界上最早的工业机器人。

在机器人技术的研发过程中，人们尝试利用传感器赋予机器人感知能力。1961 年恩斯特设计了触觉传感机械手，1962 年托莫维奇和博尼完成了有压力传感器的“灵巧手”，1963 年麦肯锡在机器人中嵌入了视觉传感器系统，并帮助麻省理工学院在 1965 年推出世界上第一个携带视觉传感器的可以识别并定位积木的机器人系统。智能传感器的应用使机器人的功能更加丰富。

20 世纪 60 年代中期，美国麻省理工学院、斯坦福大学和英国爱丁堡大学等陆续成立机器人实验室，人类也逐渐将人工智能领域的成果应用于机器人发展中。1968 年，美国斯坦福国际研究所成功研制出移动式机器人 Shakey（图 5-6），它是世界上第一台高度智能化的机器人，能够自主进行感知、环境建模、行为规划等。由于当时技术水平有限，Shakey 的运算功能需要庞大的机房环境，而且规划行动效率很低。虽然 Shakey 笨重且效率低下，但它具备人工智能机器人所具备的特征，第三代智能机器人由此展开。

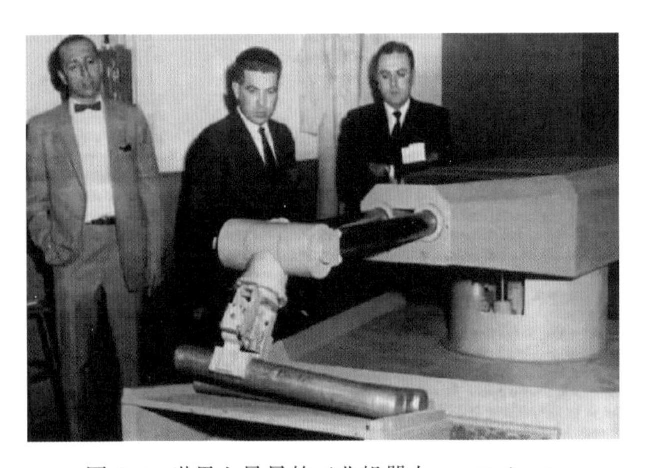

图 5-5　世界上最早的工业机器人——Unimate

图 5-6　世界上首台智能移动机器人——Shakey

我国从 20 世纪 80 年代开始开展机器人领域的研究，1986 年开展了“七五”机器人攻关计划，1987 年“863”计划将机器人研究列入其中。目前我国从事机器人研究与应用的主要是理工类高校以及相关科研院所，在仿人型机器人、四足机器人等方面取得了很大进展，如图 5-7 和图 5-8 所示。

图 5-7　国防科技大学研发的“先行者”机器人

图 5-8　北京理工大学研发的仿人机器人

如今，机器人的应用领域非常广泛，根据机器人的应用场景，可以分为工业机器人（图 5-9）、服务机器人（图 5-10）、医用机器人、空间机器人（图 5-11）、军用机器人（图 5-12）、水下机器人等多种类型，机器人对环境的适应性和交互性使其能完成更加困难的任务。随着人工智能、机器学习、深度学习等技术的发展，机器人的智能水平仍在不断提高。1942 年，美国科幻巨匠阿西莫夫提出了著名的“机器人三定律”，后来被作为了机器人的研发原则。具体内容为：第一定律，机器人不得伤害人类个体，或者目睹人类个体将遭受危险而袖手旁观；第二定律，机器人必须服从人给予它的命令，当该命令与第一定律冲突时例外；第三定律，机器人在不违反第一定律、第二定律的情况下要尽可能保护自己的生存。

图 5-9　工业机器人

图 5-10　服务机器人

图 5-11　空间机器人

图 5-12　军用机器人

在服务机器人中有一个重要的分支，那就是应用于教育领域的机器人。机器人本身是一个跨领域的研究范畴，涵盖了计算机科学、自动控制、机械、材料等多个学科，将其引入教育之中，对于发展学生对智能技术的学习兴趣，培养解决问题能力和创新能力具有重要意义，还能达到寓教于乐的作用。

5.1.2　机器人结构设计

机器人的结构可以分为三大部分：第一部分是机械部分，用于实现各种动作行为；第二部分是传感部分，用于感知内部和外部的信息；第三部分是控制部分，用于控制机器人完成各种动作。对应到机器人教育中，在机械部分涉及物理原理、空间结构、电与磁等知识与技能；在传感与控制部分涉及编程控制、驱动装置和控制系统等知识与技能 [18]。机器人的机械系统是由一系列连杆、关节或其他形式的运动部件组成的，通常包括机座、立柱、腰关节、臂关节、腕关节和手爪等。机器人自由度是指机器人所具有的独立坐标轴运动的数量，表示机器人动作灵活的程度，一般而言，做空间运动的构件有 6 个自由度：3 个移动、3 个转动，分别对应空间的 X 轴、Y 轴和 Z 轴。机器人的自由度根据功能用途设计，可以多于 6 个自由度，也可以少于 6 个自由度。在创意搭建中将重点关注机器人结构的机械设计部分。

机器人结构设计是机器人得以实现各种运动的基础。不同的设计方案可以使机器人获得不同的行动能力，可以将其统称为移动机器人。移动机器人的运动方式主要有 3 种：即轮式、履带式、仿生足式 [19]。轮式和履带式机器人运动速度快、效率高、稳定性好，驱动控制相对简单，目前具有广泛应用。但由于这两种运动方式是通过与地面密切接触而进行的，运动路径是连续的，存在易于磨损的问题，而且跨越障碍能力较差，适应地形能力有限，因此适用于比较平整的路面。源于仿生的足式机器人由于腿部结构自由度较多，可以跳跃实现非连续的轨迹运动，在复杂的地形环境中具有更好的移动优势，从而成为移动机器人研究领域的热点之一[20]。

5.1.3　足式机器人的分类

足式机器人可以根据足的数量分为双足机器人、四足机器人、六足机器人等，属于仿生式机器人。双足机器人凭借类人的腿部设计，能够如人类般跨越障碍物、攀爬楼梯，获得机器人对地形的高适应性和高通过性。乔治亚理工学院AMBER LAB研制的双足机器人DURUS对人类迈步动作进行了细致的分解，拥有优秀的越野能力（图5-13）。DURUS在行走过程中会不断调整上半身的姿态，从而在双脚交替时保持身体平衡。DURUS踝关节处有弹簧结构，每踏出一步会吸收脚部接触地面带来的撞击，然后在抬脚时将能量释放。DURUS相对于其他同类机器人，能耗系数更低。密歇根大学成功研发的双足机器人MARLO能够在没有其他支持的情况下在复杂路面上正常行走，MARLO机器人具备"3D行走"功能，意味着能够以任意角度进行行走（图5-14）。通过软、硬件的配合，MARLO可以根据路面环境的不同进行自我调整，弯曲步态，从而能够达到移动的目的。日本本田公司研制的仿人机器人ASIMO（阿西莫）是目前最先进的仿人行走机器人，是在研究了大量昆虫、哺乳类动物的腿部移动以及登山运动员爬山时的腿部运动方式基础上研制的，经历了5个发展阶段，机器人具有体形小、质量轻、动作紧凑轻柔的特点，不但能跑能走、上下阶梯，还会踢足球和开瓶、倒水，动作十分灵巧，还能根据行走中遇到的情况进行自我调节，更适合家庭操作和自然行走（图5-15）。

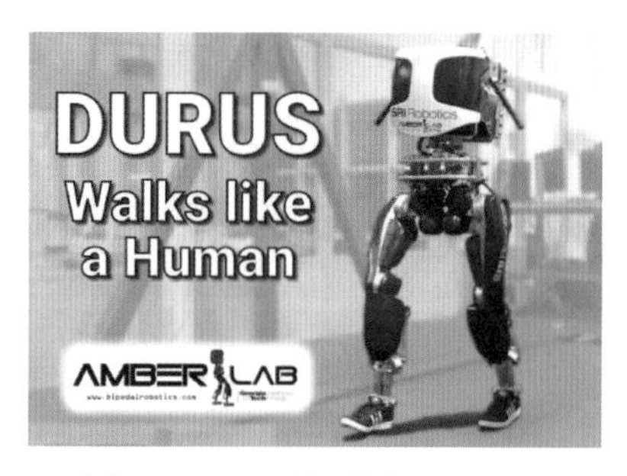

图5-13　双足机器人DURUS

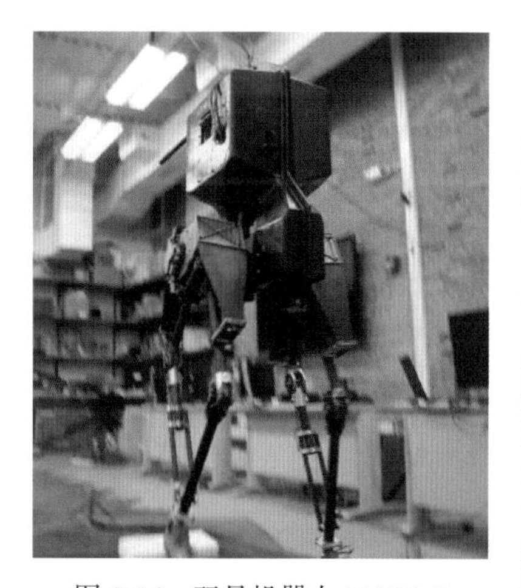
图5-14　双足机器人MARLO

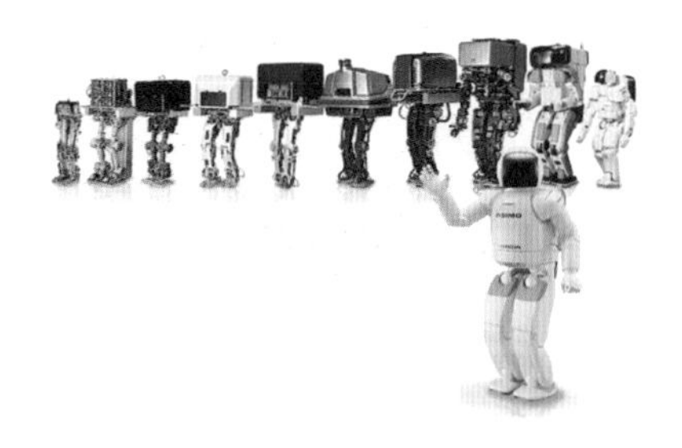
图5-15　仿人机器人ASIMO

四足机器人和六足机器人是仿四足动物和六足纲昆虫而设计的仿生机器人，属于多足机器人。20 世纪 60 年代，McGhee 研制了世界上第一台四足机器人，此后国内外先后研制了一批先进的四足机器人[21]。20 世纪 80 年代，美国麻省理工学院的 Leg-Lab 开展了腿足动态运动控制研究，实现了对单腿机器人的控制，并将控制算法拓展应用到四足机器人中，单腿机器人的成功为后期四足机器人的发展奠定了基础。2005 年美国波士顿动力公司研制的 Big-Dog 在四足机器人发展史中具有里程碑意义，它具备出色的运动能力和环境适应能力，能在斜坡、丛林、雪地、瓦砾等复杂地面稳步行走，而且具有更大的负载能力（图 5-16）。在 Big-Dog 之后，波士顿动力公司又推出了 Legged Squad（阿尔法狗），这款机器人体形更为庞大，负载能力更强，移动速度也更快（图 5-17）。2010 年，我国“863”计划启动了“高性能四足仿生机器人”项目，开展了新型仿生机构、高功率密度驱动、集成环境感知、高速实施控制等四足仿生机器人核心技术研究，国防科技大学、哈尔滨工业大学、上海交通大学、山东大学均取得显著成果（图 5-18）。2016 年，浙江大学 - 南江机器人联合研究中心在第三次世界互联网大会上推出了四足仿生机器人“赤兔”，它可以爬坡、爬楼梯、行走、奔跑，速度可达 6km/h（图 5-19）。

图 5-16　四足机器人 Big-Dog

图 5-17　四足机器人 Legged Squad

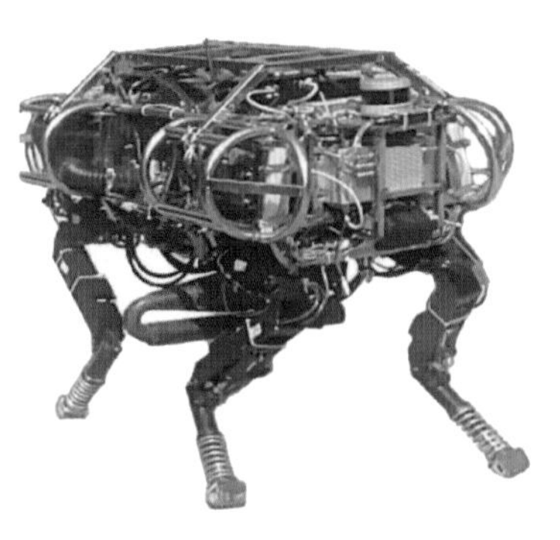

图 5-18　山东大学研制的四足机器人机械狗

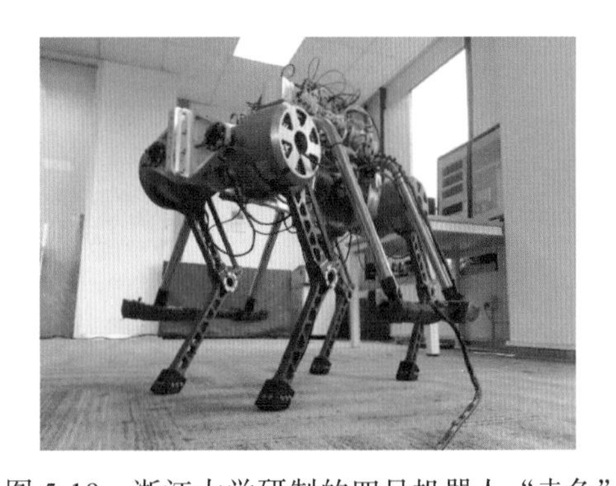

图 5-19　浙江大学研制的四足机器人“赤兔”

六足机器人又叫作蜘蛛机器人，三对足参考六足昆虫的前足、中足和后足，通过以部分腿作为支撑共同推动躯干，其余腿以躯干为基座向前摆动，从而实现运动。1989 年美国麻省理工学院人工智能实验室研制出名为 Genghis 的仿制蚂蚁躯体的六足机器人（图 5-20），希望将其用于外星球表面探测任务中，后来又在此基础上研制了 Attila 六足机器人，采用模块化设计，使每条腿有 3 个自由度，并通过传感器、驱动器和控制器的协调工作使机器人整体具有更强的容错能力，可以自动检测和识别硬件障碍。华中科技大学曾研制一款“4+2”的多足机器人，它的六条腿不仅可以用于支撑整个机器人站立及行走，而且可以充当机械臂使用，在复杂地形通过六条腿实现平稳运动，在平坦地形可以解放两条腿用于搬运抓取，极大地体现了机器人的多功能性[22]。由上海交通大学研制的、具有完全自主知识产权的六足机器人“章鱼侠”在 2013 年的第十五届中国国际工业博览会一经亮相后，便引起广泛关注，它高约 1m，最大伸展尺寸是 1.5m × 1.5m；六条腿上各装有 3 个电机，通过这些“关节”，它可灵活地沿各个方向稳定行走，可负重 200kg，速度可达 1.2km/h，采用不同防护，它还能在水下环境、火灾现场或有害环境中完成救灾任务，如图 5-21 所示。

图 5-20　六足机器人 Genghis

图 5-21　上海交通大学研制的六足机器人“章鱼侠”

5.2　足式机器人结构思维导图

本章设计的创意机器人基本是仿生足式机器人，根据足的数量可分为双足机器人、四足机器人和六足机器人（图 5-22）。空间连杆机构是足式机器人的主体运动装置，含有较少构件的空间连杆机构可以实现更为复杂的运动规律或者运动轨迹。适用于移动机器人的连杆机构一般包括平行四杆机构、切比雪夫连杆机构、克兰连杆机构、Jansen 连杆机构、波塞利连杆机构、埃万斯连杆机构和罗伯特连杆机构等。

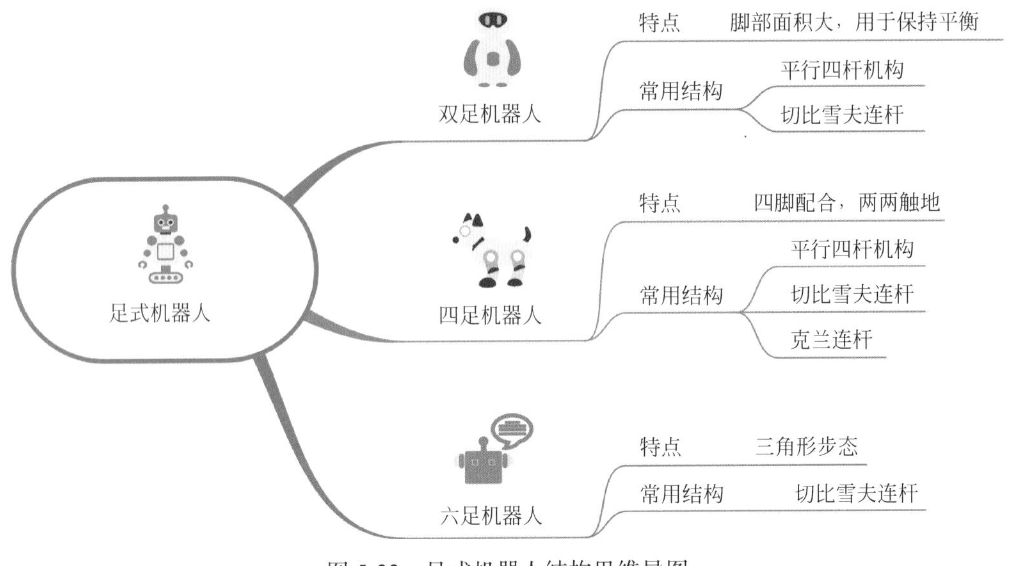

图 5-22　足式机器人结构思维导图

5.3　典型案例实践

5.3.1　平行四杆机构实践案例

1. 情境引入

人类太空探索道路漫长，而人类对外太空的适应性尚不明朗，因此让机器人代替人类成为一种很好的解决方案。仿人型的机器人要能像人一样行走、奔跑、跳跃，去感知环境、获取信息，那么机器人的双足究竟是怎么做到的呢？可以实现双足行走的机构有很多，下面就来认识一种基于平行四边形的双足机器人结构（图 5-23）。

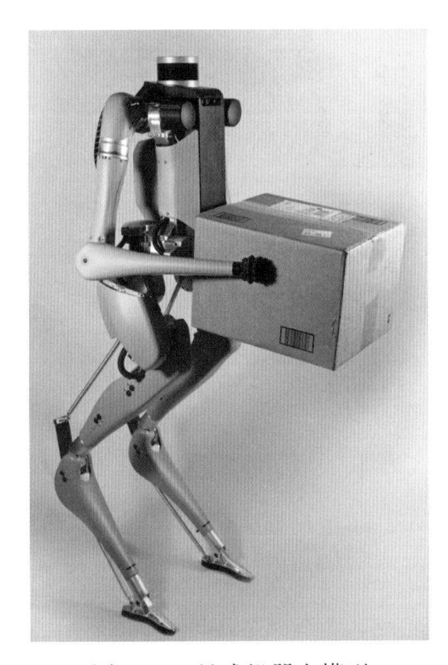

图 5-23　足式机器人模型

2. 知识讲解

构件呈平行四边形的平面连杆机构称为平行四杆机构，它是一种铰链四杆机构。当平行四边形机构的 4 个杆处于一直线位置时，从动件的运动不确定，为了避免发生这种现象，平行四边形机构经常增加一个辅助平行杆。这种机构的特点之一是相对杆始终保持平行，并且两连杆的角位移、角速度和角加速度也始终相等，如机车车轮驱动机构。这种机构的另一特点是当多个平行四边形机构叠加起来使用时，能起到放大位移的作用。

3. 典型结构设计

通过上面的学习，可以按照平行四杆机构的结构搭建一个基本装置，将其扩展为机器人腿部结构。

平行四杆机构的基本样式如图 5-24 所示。

注意：由于平行四杆机构属于双曲柄机构，需要在中间加一个约束杆，防止曲柄与机架共线时运动不确定（图 5-25）。

图 5-24　平行四杆机构基本样式

图 5-25　不稳定的平行四杆机构

4. 任务实践

任务名称：设计一个双足机器人。

设计要求：应用平行四杆机构搭建一个拥有交叉足的双足机器人。

设计思路：使用电机作为驱动，蜗轮蜗杆传动增强力量，脚步设计为交叉足，增大脚步覆盖面积，使机器人行走时更平稳。

设计步骤如下。

第 1 步：搭建一侧的身体。

利用平行四连杆机构，先搭建身体一侧，调整好杆的连接位置，搭建出平行四连杆的基本形状。结构设计如图 5-26 所示。

图 5-26　搭建一侧的身体

第 2 步：搭建另一侧身体，并加固身体。

对照搭建好的一侧身体，搭建出另一侧对称的身体，并用零件连接两部分身体，起到加固作用。结构设计如图 5-27 和图 5-28 所示。

第 3 步：加装电机及传动装置。

在身体上加装电机，并利用蜗轮蜗杆传动

交叉足漫步

装置给机器人提供动力。结构设计如图 5-29 所示。

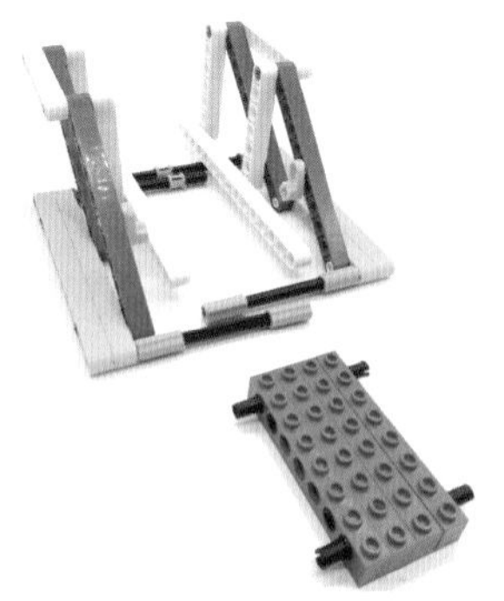

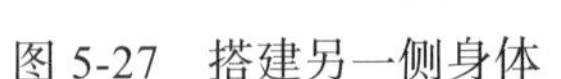

图 5-27 搭建另一侧身体

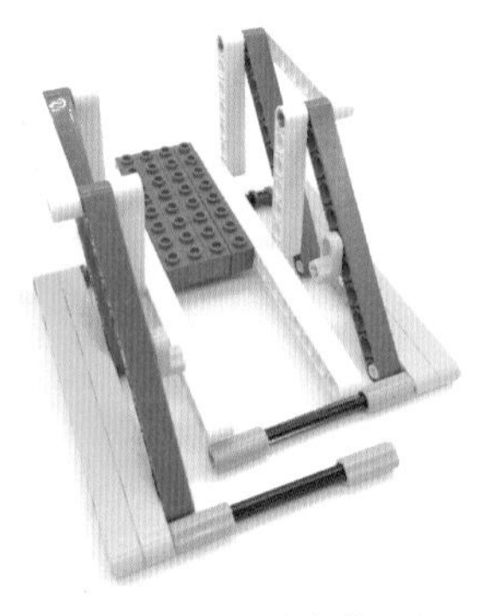

图 5-28 连接与加固

图 5-29 安装电机与传动装置

最终完成利用平行四杆机构搭建出的双足机器人。

注意事项如下。

（1）由于左腿和右腿不同步才能前行，所以在搭建中，身体两侧的曲柄位置应该是关于轴成中心对称的，即两个曲柄的朝向应该是“一上一下”或者“一左一右”。

（2）在加装电机前，应考虑蜗轮的高度，如果高度不合适，应考虑将电机垫高或者降低。

5.3.2 克兰连杆机构实践案例

1. 情境引入

人类的双腿、动物的四肢矫健而有力，可以步行、奔跑、攀爬，甚至做一些极限运动，这是因为生物体的骨骼结构在运动中发挥了杠杆的运动（图 5-30）。那么人行走时腿部是怎样运动的呢？如果腿部不能弯曲，还能正常走路吗？你观察过小狗（图 5-31）、小猫走路吗？它们的四肢是怎样配合的？

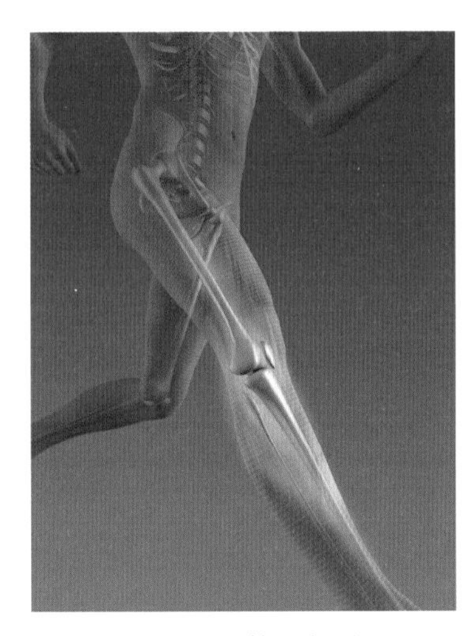

图 5-30 人体腿部关节

通过仿生学来研究和构造机器人行走的基础结构是当前机器人学中很重要的一种方法。通过研究上述问题不难发现，如果想让机器人移动，就需要很多构件之间的配合运动来达到使机器人前行的目的。这就需要用到多个构件组成的连杆机构，如图 5-32 所示。

图 5-31　狗行走的步态

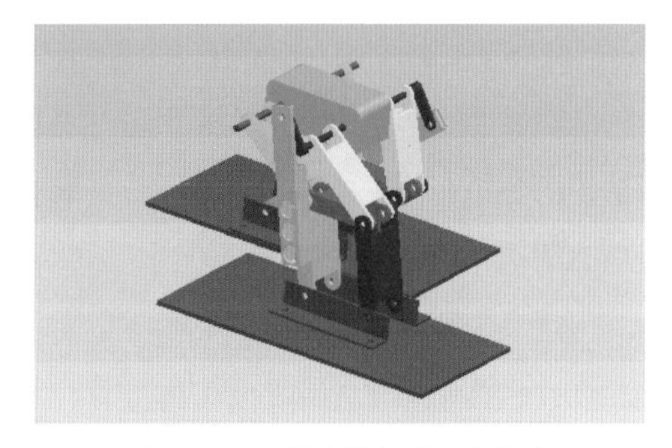

图 5-32　机器人腿部的连杆机构

2. 知识讲解

由于机器人通常用电机作为驱动力，电机转动轴做圆周运动，而曲柄机构可以将圆周运动转换为往复运动，符合机器人的行走要求。因此，在机器人行走的机械结构中，曲柄摇杆机构往往作为基础结构使用。克兰连杆机构和 Jansen 连杆机构是常用的曲柄摇杆机构，可以用于机器人行走设计中，如图 5-33 和图 5-34 所示。Jansen 连杆机构是由 Jansen 发明的，用于模拟平稳行走，Jansen 利用这种连杆制造了著名的海滩巨兽。这种连杆兼具美学价值和技术优势，通过简单的旋转输入就可以模仿生物行走运动，如图 5-35 和图 5-36 所示。

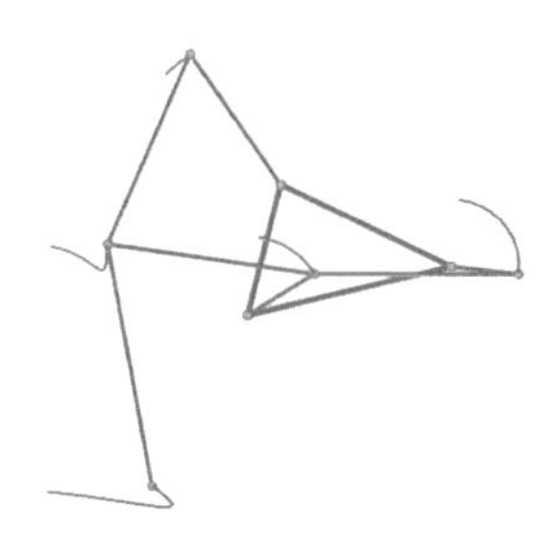

图 5-33　克兰连杆机构

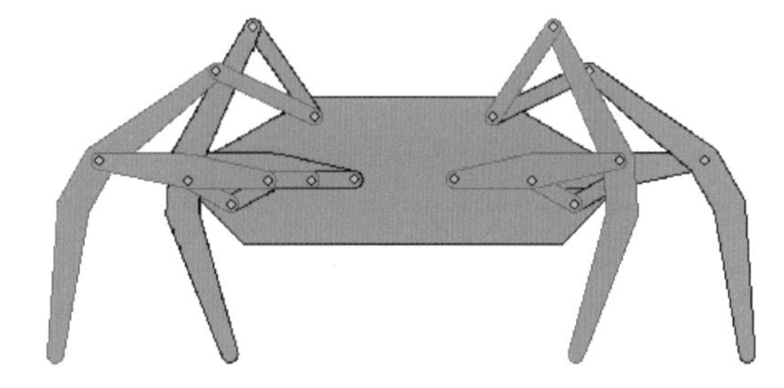

图 5-34　克兰连杆机构设计的机器人

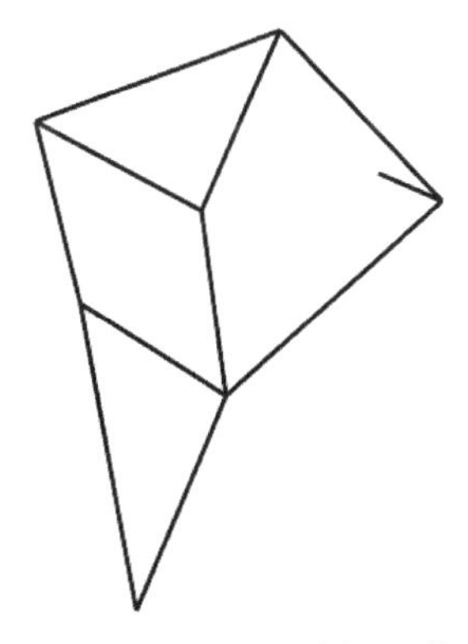

图 5-35　Jansen 连杆机构

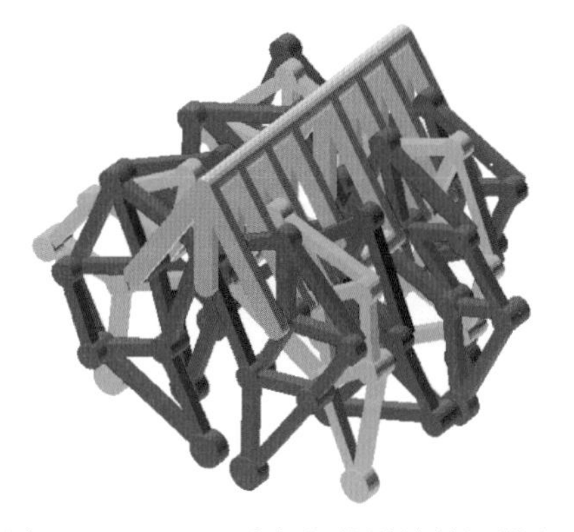

图 5-36　Jansen 连杆机构设计的机器人

3. 典型结构设计

通过上面的学习，可以按照克兰连杆机构的结构搭建出一个基本装置，并将其扩展为机器人腿部结构，如图 5-37 所示。

注意：本结构要点在于 3 个固定支点的相对位置以及各连杆之间的长度比例关系。身体部分的搭建可灵活变化。关节处使用轴连接器的好处是连接器自带不同度数的弯度。

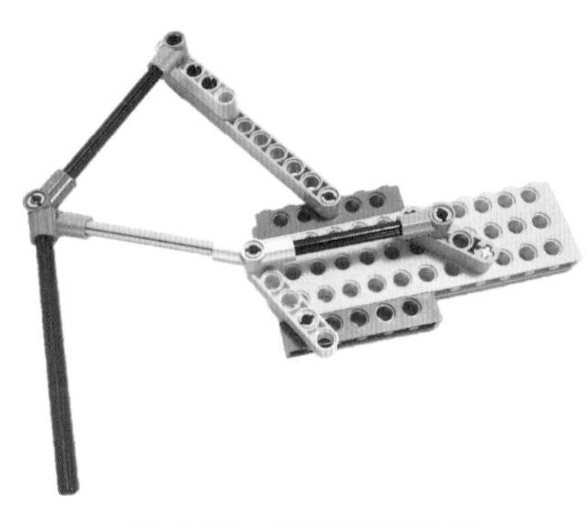

图 5-37　克兰连杆机构

4. 任务实践

任务名称：设计一个克兰连杆四足机器人。

设计要求：应用克兰连杆机构模仿四足动物的行走步态。

设计思路：使用电机作为驱动，按照四足动物行走步态，腿部的动作应该是左前腿和右后腿同步、左后腿和右前腿同步。

克兰连杆四足机器人

设计步骤如下。

第 1 步：搭建一只脚的结构。

结合克兰连杆机构，找出各个支点的位置，根据其比例关系，用连接器和不同长度的轴搭建出一只脚，并在另一侧留出另一只脚的位置。结构设计如图 5-38 和图 5-39 所示。

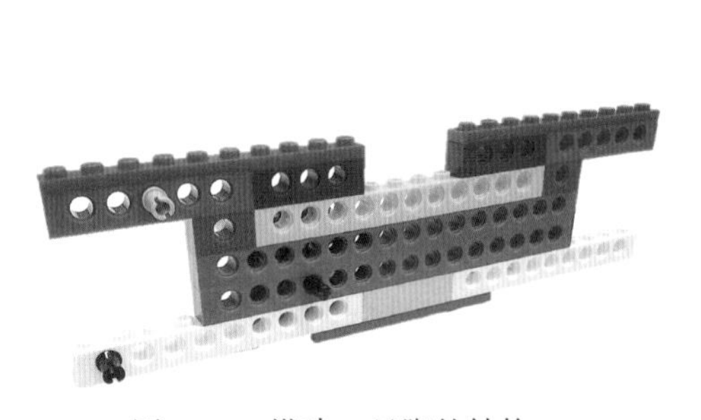

图 5-38　搭建一只脚的结构一

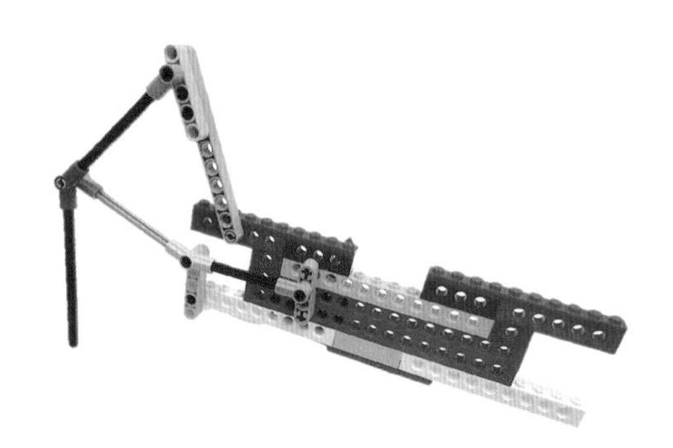

图 5-39　搭建一只脚的结构二

第 2 步：搭建另一只脚。

模仿第一只脚的结构在旁边搭建一个关于身体中心线对称的脚，在另一边给两个轴加上齿轮，用于驱动轴的转动，这样整个一侧的身体就搭建完成了。结构设计如图 5-40 和图 5-41 所示。

图 5-40 搭建另一只脚的结构一

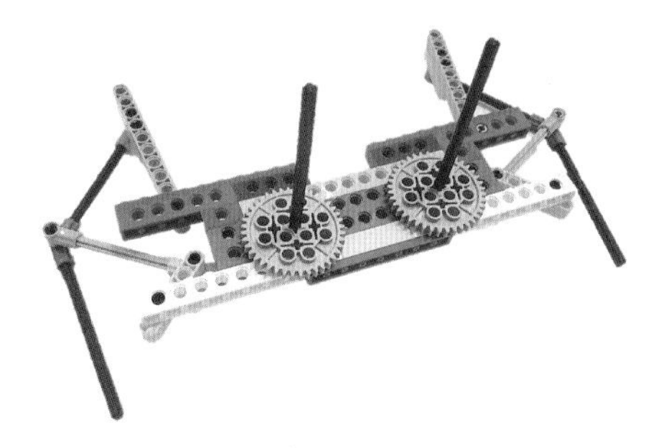

图 5-41 搭建另一只脚的结构二

第 3 步：另一侧身体。

仿照搭建好的一侧身体搭建另一侧身体，两侧身体完全相同。结构设计如图 5-42 和图 5-43 所示。

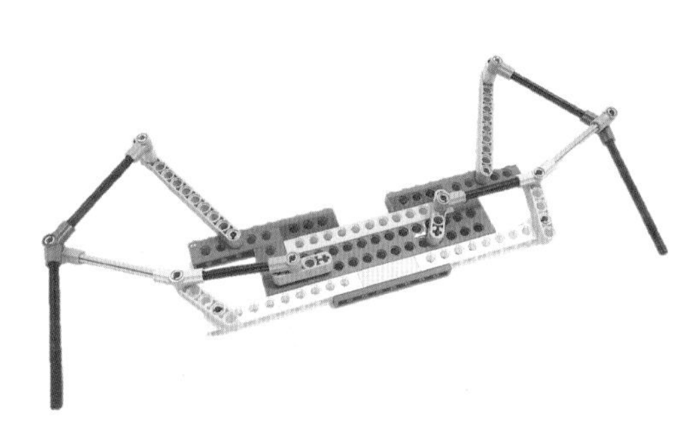

图 5-42 搭建另一侧身体一

图 5-43 搭建另一侧身体二

第 4 步：组装。

将电机装在身体中间，利用齿轮同时驱动两根轴（图 5-44）。在组装两侧身体时，需要调整两孔薄连杆的位置。同一侧身体的连杆方向相反，同一根轴上的连杆方向也是相反的。结构设计如图 5-45 和图 5-46 所示。

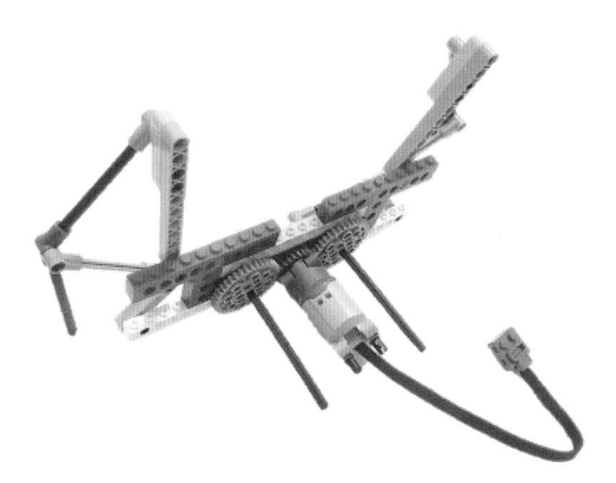

图 5-44 安装电机

图 5-45 组装身体一

图 5-46 组装身体二

第5步：加固结构。

合理利用互锁结构，将机器人身体加固，同时给机器人加上脚，增大触地面积，使走路更平稳。结构设计如图5-47和图5-48所示。

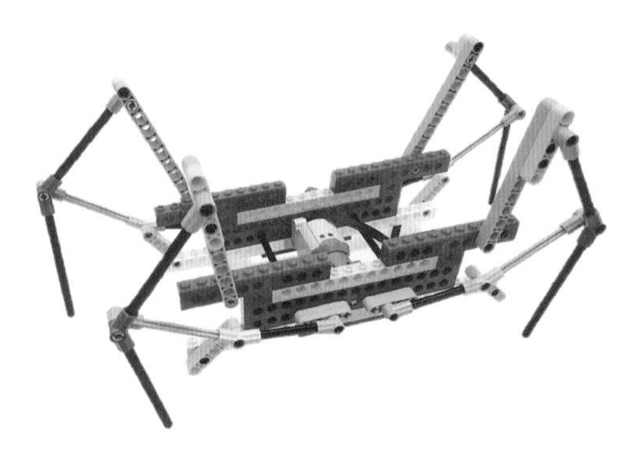

图5-47　加固身体一

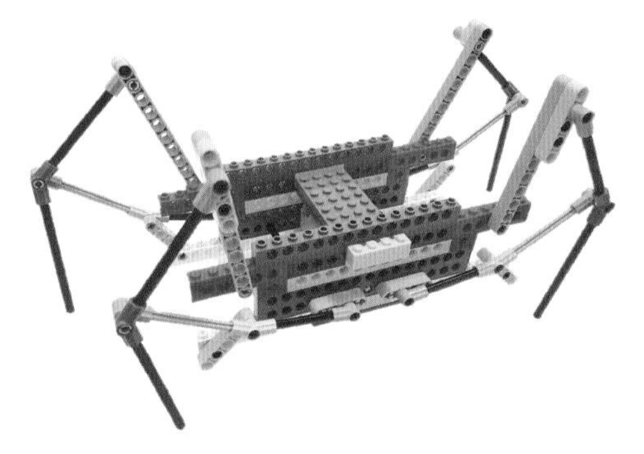

图5-48　加固身体二

最终完成利用克兰连杆机构向前行走的四足机器人，如图5-49所示。

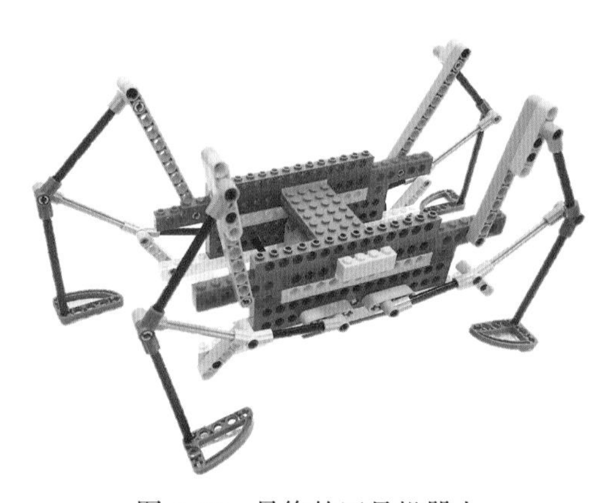

图5-49　最终的四足机器人

注意事项如下。

（1）在确定克兰连杆各支点位置时，应特别注意各连杆的比例关系。

（2）机器人行走时很多关节需要运动，在搭建时应使用光滑销。

（3）身体中间的两根轴不能长于身体的宽度；否则会影响薄连杆的转动。

5.3.3　切比雪夫连杆实践案例

1. 情境引入

在科幻电影中，经常能被那些具有奇异功能的机器人所吸引，这些机器人不仅带给观者视觉上的强烈冲击，而且能够激荡观众的想象力，吸引人们去探索神秘的科技世界。看着拖着笨重身躯的机器人在地面平稳快速地移动，小巧纤细的机器人在高楼大厦间飞檐走壁，可变形的机器人跨越路障在废墟中探寻生命。银幕中的这些形象看上去不可思议，但在科学技术日益发展的现代社会，这些形象都不再是想象。

2. 知识讲解

由于切比雪夫连杆机构的端点轨迹为半圆形，且底部弦近似为直线，与动物行走步态极为相似，故采用切比雪夫机构，使四足机器人在各种步态下的控制方案得以简化。该机构是由切比雪夫于1850年提出的，各杆件参数可自由选定，以得到不同的足端轨迹[23]。

切比雪夫连杆机构经常被用于模拟机器人的行走。如图5-50（a）所示，由静止节、原动节、从动节、中间节和延长中间节组成的四杆机构即为切比雪夫连杆机构，实现机器人腿部的抬腿、迈步、蹬地、前行的周期性动作。其余未标注名称的杆件与部分切比雪夫连杆组成平行四边形机构，用来保持机器人脚面与地面的平行。

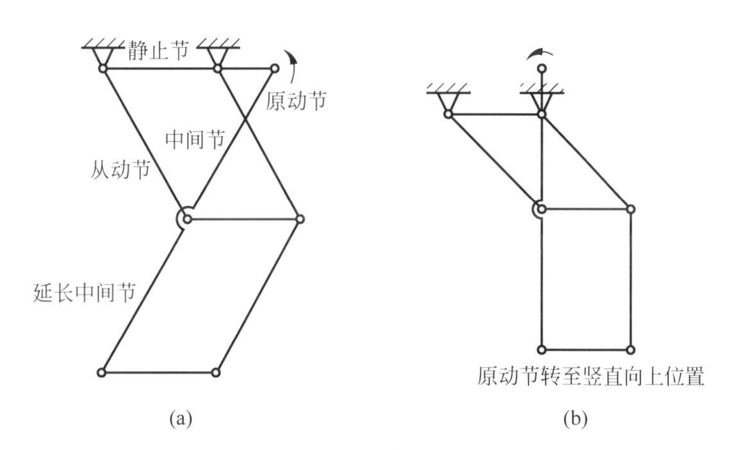

图5-50　切比雪夫连杆机构运动简图

其中，切比雪夫连杆机构各杆件的长度必须符合以下条件。

静止节：原动节：从动节：中间节：延长中间节 = 2：1：2.5：2.5：2.5

图5-51和图5-52是利用切比雪夫连杆设计的四足机器人和六足机器人结构图。

图5-51　四足机器人

图5-52　六足机器人

利用切比雪夫连杆，模仿设计图可以搭建出可行走的机器人作品，如图 5-53 和图 5-54 所示。

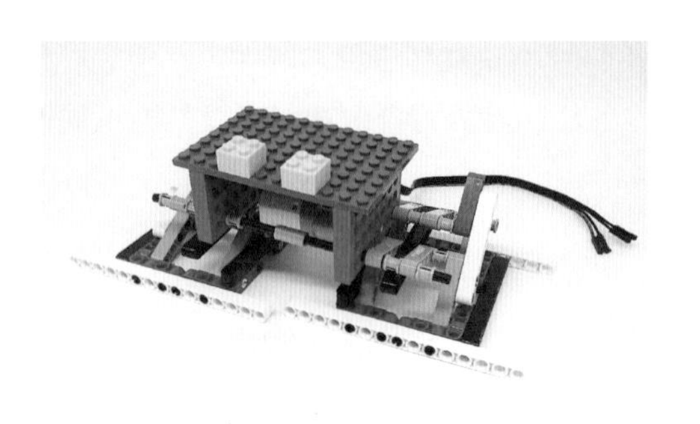

图 5-53　切比雪夫大脚机器人

图 5-54　六足机器人

3. 典型结构设计

通过上面的学习，可以按照切比雪夫连杆机构的结构搭建一个基本装置，将其扩展为机器人腿部结构。

图 5-55 所示为切比雪夫连杆机构。

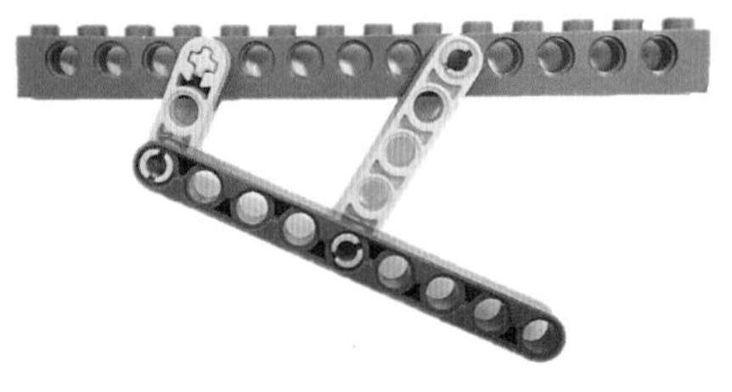

图 5-55　切比雪夫连杆机构

注意：在驱动本装置时，只需驱动曲柄部分。在扩展时，应注意支点的相对位置不能有过大程度的变化。

4. 任务实践

任务名称：设计一个六足机器人。

设计要求：应用切比雪夫连杆设计一个六足机器人，使机器人在电机的带动下可以前进和后退。

设计思路：使用电机作为驱动，齿轮作为曲柄部分，其他连杆部分按照切比雪夫连杆比例进行设计。

设计步骤如下。

切比雪夫六足机器人

第 1 步：搭建一侧的身体。

观察切比雪夫连杆机构做成的设计图，选取机器人各条腿的位置，在搭建时最好按照次序进行。以组成身体的固定杆为基准，逐层搭建。结构设计如图 5-56 所示。

第 2 步：加固身体，并搭建另一侧对称身体。

用连接零件连接固定两侧身体的主体杆，搭建出身体的基本形态。接着对照搭建好的一侧身体，搭建另一侧对称的身体。结构设计如图 5-57 和图 5-58 所示。

第 3 步：加装电机。

利用电机驱动插有轴的齿轮，这样机器人就能行走起来了，如图 5-59 所示。

图 5-56　六足机器人一侧的身体

图 5-57　加固身体

图 5-58　搭建另一侧身体并加固

图 5-59　加装电机

最终完成利用切比雪夫连杆搭建出的六足机器人。

注意事项如下。

（1）注意各部分长度比例及销的类型，在需要活动的“关节”处用光滑销。

（2）以组成身体的长杆的带孔面为基准面，所有杆不能同时出现在两个平面内；否则会造成受力扭曲，影响机器人行走。

（3）由于六足动物步态特性，六条腿需要配合才能行走，因此左侧和右侧的对应腿不能同步行走。

（4）在搭建中，身体两侧插有同一根轴的齿轮上销的位置应该是关于轴成中心对称的，即两个销的位置应该是“一上一下”或者“一左一右”。

5.4　自主任务

请围绕“机器人行走”这一主题，参考以上提供的 3 个活动案例（并不局限于这些案例），采用工程设计模式，完成一份作品设计的方案。

第一步 明确问题	（通过明确问题，清楚而准确地描述设计工作的目标，并识别出所有的制约因素与标准）
第二步 资料收集	（围绕第一步提出的问题，收集相关资料，形成设计观点，并对设计观点进行批判性分析）
第三步 方案设计	作品名称： 作品的功能或用途： 设计草图：
第四步 选择方案	（你觉得你的模型方案能实现吗？请分析所选方案的可行性）
第五步 构建原型	（搭建模型，并记录搭建所用的时间以及搭建中遇到的问题）
第六步 测试修改	（测试初步完成的模型，并针对发现的问题进行修改）
第七步 分享总结	（你的作品是否实现了预期的功能？请参考评价标准评价自己的作品，与同伴分享你的作品）

5.5　活动反思

（1）思考你所完成的作品中使用了哪些传动形式？行走轨迹和稳定性是否达到了预定的要求？

（2）思考本章主题可以与哪些中小学课程建立联系？可以通过什么方式实现联系？

（3）在本章的学习中，你遇到了哪些问题以及通过哪些途径进行解决呢？

06

CHAPTER 6

第6章

综 合 应 用

在工业化时代，提高车间的工作效率是生产管理必须考虑的事情。车间内的物料运输在传统情况下是依靠人力完成的，工人来来往往地搬运、装卸，不仅耗费体力，而且效率不高。如果能设计出一套自动化机械操作工具，是否就能把工人们从烦琐重复的劳动负荷中解放出来呢?

6.1 发布任务

设想要给一个生产车间研发一套自动化装置（至少 4 个），代替人力来完成机械化的重复动作，以提高工作效率。

6.2 明确问题

（1）可以解决物体水平方向运输的问题。

（2）可以解决物体垂直方向运输的问题。

（3）可以解决物体抓取的问题。

6.3 产生问题解决方案

（请在此处写下你的解决方案）

（1）你设计的作品名称以及可以实现的功能。

（2）可以实现预设功能的核心结构设计。

（3）规格要求（即作品功能量化，如可以提升重物 20cm）。

（4）绘制作品草图。

6.4 搭建作品原型与测试

本书给出以下 4 个参考案例，以作抛砖引玉之用。

6.4.1 设计作品一

任务名称：设计一个减振小车。

实现功能：综合应用蜗轮蜗杆传动和避振器，使小车实现减振功能，可以负载在工作车间不同位置安全移动。

设计思路：利用蜗轮蜗杆装置使车具有很大的动力，避振器装在车的中间部分，车的结构应该是能够上下晃动的。

设计步骤如下。

第 1 步：驱动装置。

利用三角薄片、齿轮、蜗杆和电机搭建出可以驱动的一部分车身。结构设计如图 6-1 和图 6-2 所示。

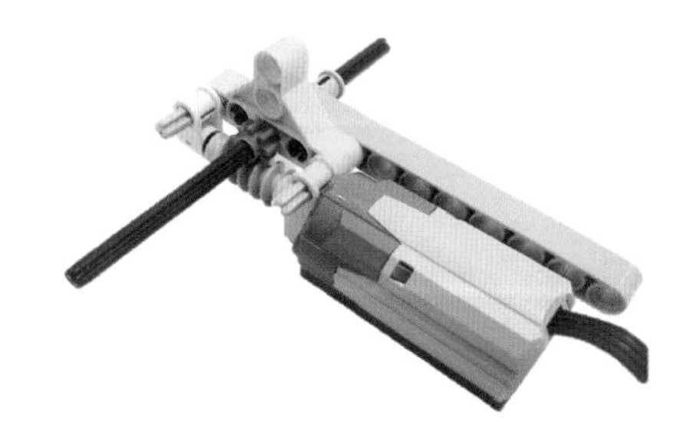

图 6-1 安装驱动装置与一侧的固定结构

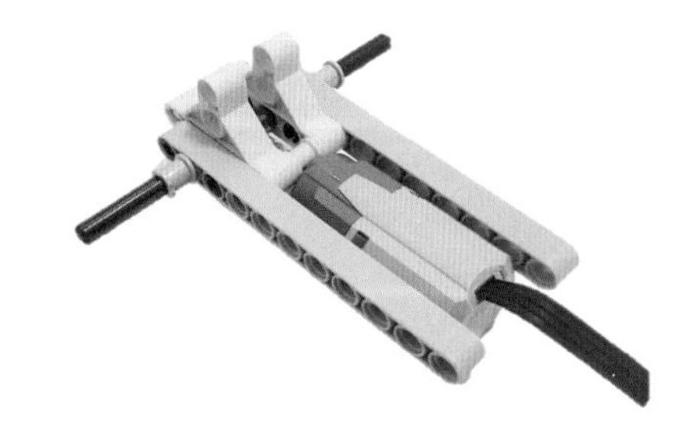

图 6-2 安装另一侧的固定结构

第 2 步：加装避振器。

搭建出另一部分车身，将避振器安装在两部分车身的中间，起到减振作用。结构设计如图 6-3 和图 6-4 所示。

图 6-3　安装另一部分车身　　图 6-4　安装避振器　　图 6-5　安装轮胎

第 3 步：安装轮胎。

给小车安装上轮胎，避振小车就搭建完成了。结构设计如图 6-5 所示。

注意事项：电机应该被固定，在搭建第 1 步时，应选用特殊零件，如长正交连接器。由于本作品为避振小车，车身可以上下晃动缓冲，因此在构思车身结构时，应尽量将车身分为两部分。需要活动的连接部分应该用光滑销。

测试结果：减振小车的运动状态平稳，可轻松越过较低的障碍物。由于车身太轻，越过障碍物时，减振弹簧变形不明显。在越过较高障碍物时，车轮会出现打滑的情况。

请分析该车采用的机械结构原理，并指出是否还有其他的解决方案，具体内容填入表 6-1。

表 6-1　记录表 1

采用的机械结构	优　　点	缺　　点
其他解决方案		

6.4.2　设计作品二

任务名称：机械夹。

实现功能：综合应用带传动和杠杆原理，实现物品夹持的功能。

设计思路：利用带传动和小推杆做机械夹的传动部分，用弯杆做夹子部分，带传动可以避免小推杆的过度拧动。

设计步骤如下。

第 1 步：驱动装置。

利用零件将电机固定，并在电机上安装小滑轮，用于带动皮筋。结构设计如图 6-6 所示。

第 2 步：加装小推杆。

将小推杆固定，并利用皮筋和轴套带动小推杆。结构设计如图 6-7 所示。

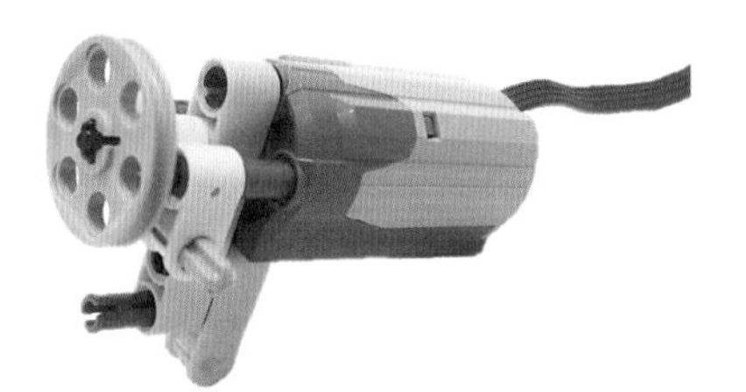

图 6-6　安装驱动

图 6-7　安装小推杆

第 3 步：安装夹子。

搭建出夹子部分，并与小推杆连接，调整夹子的支点位置，使其利用杠杆原理能够夹住物体。结构设计如图 6-8 和图 6-9 所示。

图 6-8　安装夹子

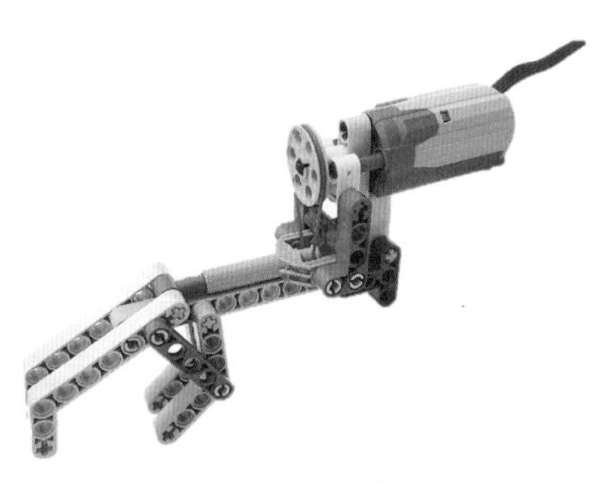

图 6-9　连接

注意事项：本作品用到了小推杆，在选取夹子支点位置时应注意，小推杆最短时夹子应该是张开程度最大的时候。另外注意，皮筋的选取应松紧程度适中。

测试结果：这个机械夹具有可以稳定开合的特点，可以实现夹取较轻零件的功能，橡皮筋可以打滑的特点可以有效保护电机的过度转动。由于零件较光滑，在夹取时可能会出现夹取物滑落的情况，因此最好夹取夹取物的上凸下凹部分，可以有效防止滑落。

请分析该机械夹采用的机械结构原理，并指出是否还有其他的解决方案，具体内容填入表 6-2。

表 6-2 记录表 2

采用的机械结构	优　　点	缺　　点
其他解决方案		

6.4.3 设计作品三

任务名称：小球流水线。

实现功能：综合应用齿轮水平传动、三角形稳定性及互锁结构搭建一部分小球流水线，可以将小球从低处运送到高处。

设计思路：利用齿轮的旋转配合，将小球逐层传递，一点一点传到高处。

设计步骤如下。

第 1 步：齿轮的固定。

将多个齿轮排列，大齿轮中间加装小齿轮，调整大齿轮转动方向，结构设计如图 6-10 和图 6-11 所示。

图 6-10　固定齿轮一

图 6-11　固定齿轮二

第 2 步：安装拨杆。

在另一面的轴上安装拨片，拨片可以是直角杆，也可以是轴。结构设计如图 6-12 所示。

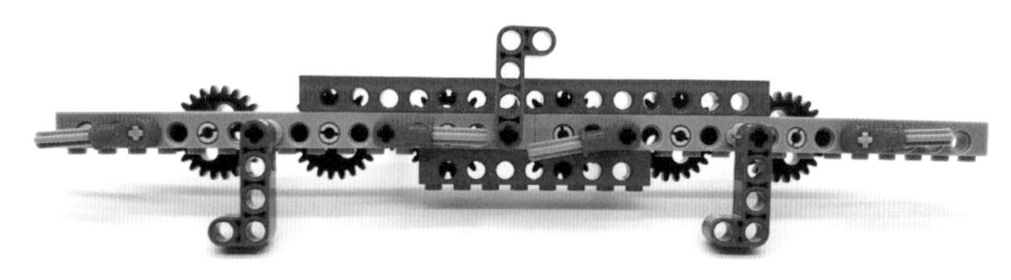

图 6-12　固定拨杆

第 3 步：完善整体结构。

将整体的面积加大，利于小球的运输，在一侧加装挡板，防止小球掉落，最后加装一个支柱，使整个流水线倾斜，实现将小球从低处运送到高处。结构设计如图 6-13 至图 6-15 所示。

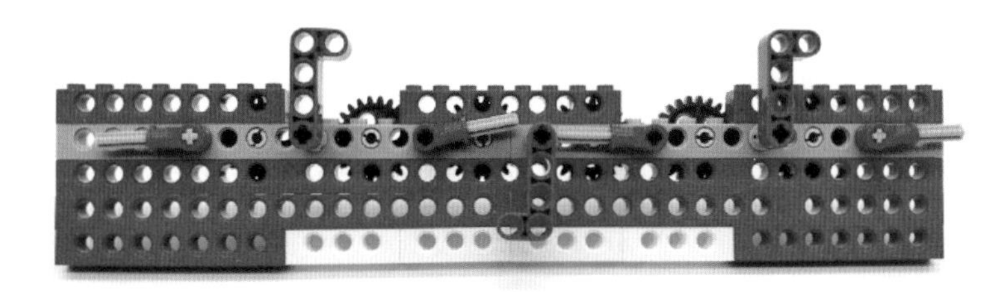

图 6-13　增加挡板一

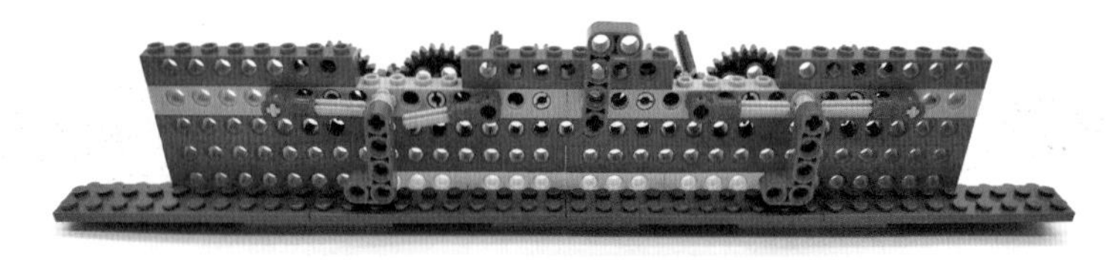

图 6-14　增加挡板二

图 6-15　增加支柱

注意事项：各个拨片的方向是需要反复调整的，因为拨片只有完美配合才能将小球接力一般地运送到高处。在搭建完成后，应该给作品加上电机进行反复调试，做到每个拨片都能巧妙配合。流水线的宽度应该与拨片的长度相关，过宽会导致小球滑落，过窄会导致卡顿。

测试结果：这个小球流水线具有可灵活改造的特点，可以根据所需长度进行加长或者缩短。运输小球的直径应该与搭建出流水线的宽度所匹配，当需要运输更大直径的小球时，应改造流水线的整体宽度。

请分析该流水线采用的机械结构原理，并指出是否还有其他的解决方案，具体内容填入表 6-3。

表 6-3　记录表 3

采用的机械结构	优　点	缺　点

续表

采用的机械结构	优　　点	缺　　点
其他解决方案		

6.4.4　设计作品四

任务名称：机械臂。

实现功能：综合应用蜗轮蜗杆传动、齿轮的水平传动，搭建机械臂实现升降功能，夹取不同高度的物品。

设计思路：利用蜗轮蜗杆装置搭建机械臂的夹子部分，利用蜗轮蜗杆和齿轮水平传动搭建手臂部分。

设计步骤如下。

第1步：搭建机械夹。

利用弯杆和蜗轮蜗杆装置搭建一个咬合度很强的机械夹。结构设计如图6-16所示。

图6-16　搭建机械夹

第2步：手臂部分。

延伸搭建机械夹部分，留出齿轮的位置，为下一步的小齿轮带动大齿轮做准备。结构设计如图6-17所示。

第3步：固定机械臂。

利用蜗轮蜗杆传动和小齿轮带动大齿轮传动比大的特点搭建最费力的部分，并将整个结构固定在底板上。结构设计如图6-18和图6-19所示。

注意事项：机械臂中，由于大齿轮是固定不能转动的，所以小齿轮能将整个机械臂“抬起来”。机械夹部分比较简单，没有使用防过度装置，可能会导致电机过载。可以利用离合齿轮或者带传动的方式进行改装。

图 6-17 安装手臂

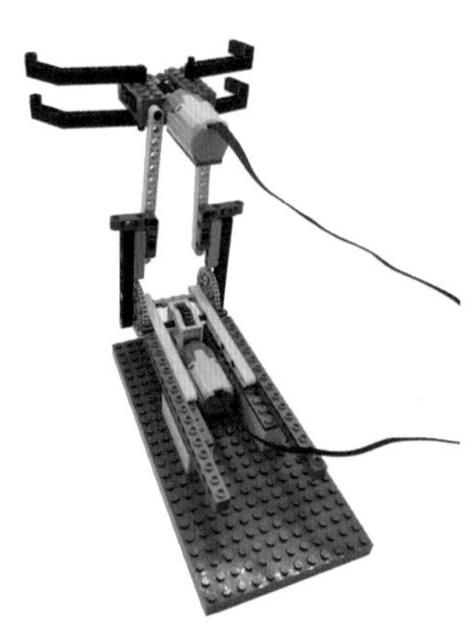

图 6-18 固定机械臂一　　图 6-19 固定机械臂二

测试结果：这个机械臂具有可伸缩、可夹取的特点，可以将待夹物牢固夹起，并放置至目的地。但缺乏横向转弯装置，并且夹子部分没有防止电机过度旋转装置，应考虑改用离合齿轮或皮筋传动。

请分析该机械臂采用的机械结构原理，并指出是否还有其他的解决方案，具体内容填入表 6-4。

表 6-4 记录表 4

采用的机械结构	优　点	缺　点
其他解决方案		

6.5　作品评价

请对所做的设计从以下 5 个维度进行作品评价（表 6-5）。

表 6-5　评价表

项　目	描　　述	具体说明
新奇性	作品设计的原创性	4（优）作品创意极佳 3（良）作品创意良好 2（普通）作品创意一般 1（差）作品创意极差
实用性	作品所提供的用途	4（优）具有两个以上完整用途 3（良）具有一个完整用途 2（普通）具有简略的用途 1（差）无具体用途
完整性	作品结构的完整性	4（优）作品结构极佳 3（良）作品结构良好 2（普通）作品结构一般 1（差）作品结构极差
健壮性	作品设计的坚固程度	4（优）作品的坚固性极佳 3（良）作品的坚固性良好 2（普通）作品的坚固性一般 1（差）作品的坚固性极差
艺术性	作品设计的审美表现	4（优）作品外观极佳 3（良）作品外观良好 2（普通）作品外观一般 1（差）作品外观极差

参考文献

[1] Wendell K B, Rogers C. Engineering design-based science, science content performance, and science attitudes in elementary school[J]. Journal of Engineering Education, 2013, 102 (4): 513-540.

[2] 黄桦 . 以工程设计为中心的“K-12 工程教育”：源起、内涵与实施策略——美国《以调查和设计为中心的 6-12 年级科学与工程》之启示 [J]. 远程教育杂志，2019，37（4）：73-84.

[3] 中华人民共和国教育部 . 普通高中通用技术课程标准（2017 年版）[S]. 北京：人民教育出版社，2018.

[4] Capobianco B M, Yu J H, French B F. Effects of engineering design-based science on elementary school science students' engineering identity development across gender and grade [J]. Research in Ence Education, 2015, 45(2): 275-292.

[5] Li Y, Huang Z, Jiang M, et al. The effect on pupils' science performance and problem-solving ability through lego: an engineering design-based modeling approach[J]. Journal of Educational Technology & Society, 2016, 19 (3): 143-156.

[6] Kristen Bethke Wendell, Chris Rogers. Engineering design-based science, science content performance, and science attitudes in elementary school[J]. Journal of Engineering Education, 2013, 102 (4).

[7] Hynes M, Portsmore M, Dare E, et al. Infusing engineering design into high school STEM courses [J/OL]. https://digitalcommons.usu.edu/ncete_publications/165, 2011.

[8] English L D, King D T. STEM learning through engineering design: fourth-grade students' investigations in aerospace[J]. International Journal of STEM Education, 2015, 2 (1): 1-18.

[9] 黄志南 . 基于工程设计的乐高教学对小学生问题解决能力的影响研究 [D]. 北京：北京师范大学，2016.

[10] Li X J. The Experimental study of problem solving in class (Unpublished doctoral dissertation) [D]. National Hualien Teachers College, Hualien, Taiwan, 2003.

[11] 李西营，黄荣 . 大学生学习投入量表（UWES-S）的修订报告 [J]. 心理研究，2010，3（1）：84-88.

[12] 杨坤，刘云虎 . 古代中国与希腊关于杠杆原理发展的比较 [J]. 物理通报，2014（6）：125-127.

[13] 王章豹 . 中国古代机械工程技术的辉煌成就 [J]. 中国机械工程，2002（7）：90-94+6.

[14] 刘仙洲 . 中国机械工程发明史 [M]. 北京：科学出版社，1962.

[15] 成大先．机械设计手册 [M]．北京：化学工业出版社，2008.

[16] 车林仙 . 中国古代的三种空间连杆机构 [J]. 泸州职业技术学院学报，2007（1）：25-27+56.

[17] 张铁，谢存禧 . 机器人学 [M]. 广州：华南理工大学出版社，2005.
[18] 黄荣怀，刘德建，徐晶晶，等 . 教育机器人的发展现状与趋势 [J]. 现代教育技术，2017，27（1）：13-20.
[19] 蔡自兴 . 机器人学基础 [M]. 北京：机械工业出版社，2009.
[20] 龙樟 . 连续电驱动四足机器人设计与分析 [D]. 重庆：重庆大学，2018.
[21] 朱秋国 . 浅谈四足机器人的发展历史、现状与未来 [J]. 杭州科技，2017（2）：47-50.
[22] 周林 . 六足机器人的设计与步态分析 [D]. 北京：北京邮电大学，2018.
[23] 蒋迅，王淑红 . 切比雪夫和切比雪夫多项式的故事 [J]. 科学，2016，68（4）：54-58.

全书典型结构与应用案例一览表

所属章节	结构名称	典型结构	结构作用	应用案例
2.3.1	三角形稳定结构	三角形典型结构	实现杆的直立	*可调节手机支架、跷跷板、升旗杆、海盗船、起重机
2.3.2	四边形不稳定结构	剪叉结构	实现可变形创意作品	*升降台、变形梯
2.3.3	杠杆结构	杠杆装置典型结构	应用杠杆原理	*投石机、跷跷板、天平、独轮车、起重机
2.3.4	滑轮传动	滑轮组典型结构	改变力的传送方向	*起重机、升旗杆、电梯
3.3.1	齿轮传动	360° 旋转装置	实现旋转功能	*陀螺发射器、*爬坡小车、打蛋器、机械马、幸运大转盘、极速烧烤架、魔术鸟笼、旋转秋千、摇头风扇、竞速小车、极速风车、可调躺椅、起重臂
3.3.2	棘轮机构	棘轮机构装置	实现不可逆转功能	*棘轮毛毛虫、棘轮绞盘、棘轮起重机、单向车轮
3.3.3	链条传动	链传动装置	实现远距离动力传输	*履带坦克、链条小车、自行车、流水线、滑翔机
3.3.4	齿条传动	齿轮齿条传动装置	将圆周运动转换为直线运动	*简易叉车、陀螺
4.3.1	曲柄摇杆机构	摇摆典型结构、机器人腿部典型结构	将圆周运动转换为往复运动	*极速风车、汽车雨刷器、稻草人、机械马、敲鼓机器人
4.3.2	双曲柄机构	平行四边形双曲柄、反向平行四边形双曲柄	原动曲柄转动带动从动曲柄转动，连杆平动	*公交车门、小火车、机车车轮联动装置、升降台
4.3.3	双摇杆机构	双摇杆典型结构	原动摇杆摆动带动从动摇杆摆动	*汽车雨刷器、翻箱、起重机
4.3.4	曲柄滑块机构	曲柄滑块典型结构	实现圆周运动转换成往复直线运动	*推拉门、可以振翅的小鸡

续表

所属章节	结构名称	典型结构	结构作用	应用案例
5.3.1	平行四杆机构	机器人腿部典型结构（1）	模仿双足动物的行走步态	* 双足机器人
5.3.2	克兰连杆机构	机器人腿部典型结构（2）	模仿四足动物的行走步态	* 四足机器人
5.3.3	切比雪夫连杆	机器人腿部典型结构（3）	简化多足机器人的行走步态	* 六足机器人

注：标 * 号的案例在本书对应章节的“任务实践”环节中有具体讲解。